# 罠猟 Q&A 100

## 狩猟の疑問に答える本

『狩猟生活』編集部 編

答える人
日和佐 憲厳（オーエスピー商会）
折茂 竜（オリモ製作販売）
太田政信（太田製作所）
溝曽路 誠（岡山県の猟師）
山本暁子（鳥取県の猟師）
虎谷 健（福島県の猟師）
小林正典（林野庁職員）
藤元敬介（山口県の猟師）

山と溪谷社

# はじめに

人類有史以前、この地球上には私たちの祖先である「現生人類（ホモサピエンス・サピエンス）」以外にも〝人類〟の名がつく種が多数生息していた。彼らの中には現生人類よりも筋肉量が多く、現生人類と変わらず道具や言語を操る種もいたのだが、現在、人類は私たちを残してすべての種が自然淘汰の中で消えていった。果たして、なぜ現生人類のみが生存競争に勝ち残ることができたのか？

この問題は考古学の分野では、いまなお大きな謎とされているが、一説によると現生人類が他の人類よりも優れていた点に、〝罠〟を扱う能力があったといわれている。人類種は氷河期が終わる1万年以上前までは、マンモスなどの超大型獣を集団で狩っていたのだが、氷河期が終わって温暖化が進むと、イノシシ、シカ、クマといった小型の獣が増えていくようになった。こういった獲物を集団で狩っても、1頭の獲物から得られるカロリーが狩りに要するカロリーに見合わなかったため、超大型獣の減少とともに他の人類は衰退していったと考えられる。

しかし、現生人類は罠を使って効率的な捕獲を行うことができたため生き残り、さらに勢力を増して今日へとつながる歴史をつくることができたというわけだ。それでは、なぜ現生人類だけが罠猟を行うことができたのか？　その秘密はおそらく、ユヴァル・ノア・ハラリの名著『サピエンス全史』で述べられている「虚構を共有する」能力にあったのではないかと考えられる。

これは「実際に見たことも触れたこともない存在について〝認知〟することができる能力」とされており、同書では現生人類のみがこの能力によって、神や国家、翌年の収穫といった抽象的な存在を〝認知〟することができたと述べている。実はこの「見えないものを認知する」という能力こそが、罠猟を成立させる最も重要な要素だということをご存じだろうか？

実際に目で見て獲物を追う銃猟とは異なり、罠猟では自然界に残された獲物の痕跡を探り、その気配を察し、次に獲物が現れる場所を予測して罠をかける。つまり、〝そこに存在していない獲物〟をいかに想像できるかというイマジネーションが、罠猟の成否を決める重要な要素となり得るのである。現代に生きる私たち人類のDNAには、現生人類の時代から脈々と受け継がれてきたこの〝罠猟の能力〟が組み込まれているといっても過言ではない。

あなたが「あと一歩罠猟に踏み出せない」「なかなか罠猟の腕が上がらない」という状況に悩んでいるとしたら、私たちに与えられたこの能力の存在を思い出して欲しい。そして、自信をもって「罠猟」という数多の魅力にあふれた猟の世界に挑んでいただきたい。そして、本書をあなたの〝挑戦〟の伴走者として役立てていただければ幸いである。

# CONTENTS

## CHAPTER 1
## 「罠猟」の疑問



## CHAPTER 2
## 「くくり罠」の疑問

## CHAPTER 3
## 「箱罠」の疑問

# CONTENTS



## CHAPTER 4
## 「見回り」の疑問

## CHAPTER 5
# 「止め刺し、引き出し」の疑問

# 「罠猟」の疑問

01

# 罠猟を始める前の情報収集や準備しておくべきことは？

## 罠猟の流れをシミュレーションし自分に不足している情報を知る

無事に狩猟者登録も済ませ、完成品のくくり罠も入手した。あとはこれまで得た知識をもとに、獲物がかかりそうな場所を探して罠を仕掛ければ猟を始められるはずと考えて山に出かけてみたものの、聞くとやるとでは大違い。果たして何からどのように始めればいいのかがわからずに、罠をかけることなくそのまま家に戻ってきてしまったという話はあとを絶たない。

たとえば、他人の土地に罠を仕掛けるのに許可は要るのか？　許可を取るために土地の所有者を探すにはどうすればいいのか？　そもそも罠を仕掛けようと思っている場所に獲物はいるのか？　もし獲物がかかったら自分ひとりの力で獲物を運び出せるのか？　罠をかける場所ひとつにしても、このように悩みは尽きない。罠猟を始めるには、免許取得のために学んだ知識とは別に、あらかじめ知っておかなければならないノウハウが山ほどある。では、罠猟を始めるまでにどのような情報を入手しておけばいいのだろう。岡山県美作市の罠猟師・溝曽路誠さんは次のように回答してくれた。

「罠猟は『獲物を罠で捕まえること』だと思われていますが、現実はそう単純な話ではありません。罠を仕掛けたあとは獲物がかかっていないかどうかを毎日見回る必要があり、獲物が罠にかかったときの止め刺しの方法や、仕留めた獲物を引き出す方法、解体スキルの習得と場所の確保も欠かせません。こうした様々な要素がセットになっているのが罠猟であり、そのすべてを自分でやるという覚悟を持っておいてください。そして、罠猟の一連の流れをシミュレーションして、自分にどのようなノウハウが足りていないかを調べていけば、おのずと集めるべき情報もわかってくると思います」

### 近隣で罠猟の師匠を見つけて罠のスキルと情報を教えてもらう

罠猟では、居住地から罠を仕掛ける場所までの距離や車の有無、見回りする時間を確保できるかという条件次第で、その狩猟スタイルも違ってくるが、ざっくりの目安

## 罠猟の流れをシミュレーションしておく

| 罠猟の流れ | 調べておきたいこと |
| --- | --- |
| 猟場探し | ●土地の所有者は誰か？ ●獲物はいそうか？ ●同じ猟場で活動しているハンターの存在は？<br>●見回りや止め刺しはしやすい場所か？ |
| 猟具・道具の準備 | ●必要な猟具、工具類は？ ●猟具や道具を保管しておくスペースはあるか？ |
| 罠の設置 | ●どのような地質か？ ●地質にあった猟具・道具を用意しているか？ |
| 罠の見回り | ●罠の設置後、原則として毎日見回りはできるか？<br>●どうしても見回りができない場合、地元の人などに見回りをしてもらうことは可能そうか？ |
| 止め刺し | ●獲物を保定する道具はそろえてあるか？ ●止め刺しをする道具はそろえてあるか？<br>●自分ひとりで対応できない場合に備えて、誰か手助けをしてもらえる人はいるか？ |
| 回収 | ●罠をかけた場所から車まで獲物を運び出せるか？ ●獲物を車に積み込めるか？ |
| 解体 | ●獲物を解体する場所はあるか？ ●解体に必要な道具はあるか？ ●残滓はどこで処分するか？ |

となる「罠猟の流れ」をまとめてみたので、まずは現時点で自分にどのような情報が足りていないのか書き出して、やるべきことを整理してほしい。罠猟は銃猟とは違い、単独で行うことが多い猟法だけに、猟隊に入って先輩からノウハウを学ぶというのも難しい。しかし、探せば罠猟の師匠を見つけることもできると話すのは、和歌山県で罠猟を行う小林正典さんだ。

「近隣で罠猟を行っている人を探す方法はあります。たとえば、最寄りの支部猟友会に尋ねれば、ベテラン罠猟師を紹介してもらえることがあります。また、最近は市町村単位で『鳥獣被害対策実施隊』という組織が結成されているので、市町村役場の鳥獣被害担当窓口に問い合わせれば、隊員の罠猟師を紹介してもらえる可能性もあります。罠猟では止め刺しや解体など、初心者ひとりでは手に負えないことが多くありますから、まずは〝師匠〟と呼べる人を見つけて、その人から学ぶというのもひとつの手だと思います」

従来の罠猟師は単独で活動する人が多く、猟友会に所属していないケースも多いため、どこで誰が罠猟をしているのかが非常にわかりにくいという状況だった。しかし、平成19年に施行された鳥獣被害防止特措法以降は、各市町村の鳥獣被害対策実施隊に所属して鳥獣被害対策を実施する猟師も多くなったため、役所に尋ねればその土地で罠猟を行っている人を紹介してもらえるかもしれないというわけだ。

「猟場には猟犬を入れて狩猟を行うハンターや、銃による単独猟を行うハンターなども入っています。他のハンターとの無用のトラブルを避けるという意味でも、その土地の狩猟事情に詳しいベテラン猟師と知り合いになって、情報収集ができるというメリットは大きいと思います」（小林さん）

その土地（猟場）でどのような人がどのような狩猟を行っているのかという情報は、役場に問い合わせてもわからないので、自分の足を使って集めるしかない。インターネットであらゆることが調べられるようになった情報化社会では、とても〝面倒くさい〟作業に感じられるかもしれないが、そこを避けて通ることができないのが、今も昔も変わらない狩猟の現実なのである。

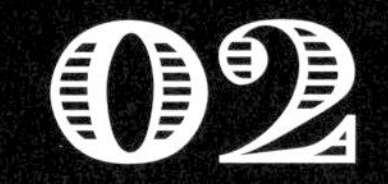

# 罠をかける場所はどう探す？<br>土地の所有者はどのように探す？

ANSWER

## 猟場の目星をつけて聞き込みで調べ<br>地権者情報に詳しいキーパーソンを探す

日本では鳥獣保護区や休猟区、道路上や都市公園内などで狩猟を行うことができないが、それ以外の地域では原則として自由に狩猟ができる。いわゆる〝乱場〟と呼ばれる日本の狩猟制度ではあるが、だからといって他人が所有している土地で狩猟をするのに、その土地の所有者の許可が要らないということではない。日本では法律上、野生鳥獣は「無主物」という扱いのため、捕獲するのに許可を必要としない。しかし、狩猟のために他人の所有地に入ることには許可が必要となる。しかも罠猟は猟具を他人の敷地に設置することになるため、無断で罠をかけていると土地所有者から損害賠償を請求される危険性もある。

土地の所有者を探す方法としては、法務局で登記簿謄本を取得して調べる方法が一般的だが、猟場となる里山の場合は所有者と実質的な〝管理者〟が異なっているケースや、相続などで所有者が遠方に居住しているケースも多く、実際に所有者を見つけ出して許可を得るのは簡単ではない。こうした状況では、地元の農家が情報源になると回答するのが、鳥取県で罠猟を行っている山本暁子さんだ。

「猟期前に猟場になりそうな場所を回って目星をつけたら、近隣で農作業をしている人にその土地の所有者について尋ねてみるのがいいと思います。畑にアニマルフェンスや電気柵が多くある場所は獣害に困っているエリアなので、農家さんも積極的に土地所有者の情報を教えてくれるはずです。私も『罠をかけるならうちの山や畑にもかけて欲しい』と、その場で猟場の情報と設置許可をもらったことがあります」

一方、猟場となる場所が農地ではなく山などの場合は、「その土地に長く住む長老的な人を探す」と話すのが溝曽路さんだ。

「たとえば地元の区長さんや町内会長さんのような立場の人は、周囲の土地の所有者や管理しているのが誰かという情報をよく知っています。このようなキーパーソンを起点にして情報をたどっていけば、土地の所有者が見つかる可能性が高いだけでなく、獲物が出没しやすい場所の情報なども得ることができると思います」

## 長期間に渡って猟場を占有するため猟場の情報は最高機密扱い

銃猟で猟場を探す場合は「先輩ハンターに聞く」という手がよく用いられるが、罠猟では少し事情が複雑だ。というのも、銃猟はその日だけで猟が完結するため、複数のハンターが同じ猟場を共有することも少なくない。その典型例が複数で狩猟を行う巻き狩りのような集団猟だ。しかし、罠猟は長期間に渡って猟場をひとりで占有し続ける必要があるため、安易に他人に猟場の情報を漏らすわけにはいかない。その土地で長く罠猟を行うベテラン罠猟師に猟場の状況を尋ねても、体よくあしらわれるか、嘘の情報を教えられることもある。もちろん、最近は積極的に後継者を育てようと考える罠猟師も多くなってはいるが、基本的に罠猟師にとって罠をかける猟場の情報は〝最高機密〟なのである。

また、土地の所有者は必ずしも民間人とは限らない。法人や地方自治体の土地のほか、全国の森林の約３割は林野庁が所有する国有林であり、国有林で罠猟をする場合は手続きが必要になると小林さんは言う。

「国有林で狩猟をする場合、入林届を所轄の森林管理署または森林管理事務所に提出してください。ただし、国有林は森林整備などが行われるエリアが年度によって変わるため、入林届を出したからといってすべての場所で狩猟ができるわけではありません。これらの情報はホームページなどで公表されているので、必ず確認してください」

なお、狩猟の許可を願い出ても当然ながら断られるケースもある。よそ者を敷地内に入れたくない、すでに罠をかけているハンターがいる、という理由が一般的だが、中には自分の土地で生きものの血が流れるのを嫌う人もいる。狩猟は動物を〝殺生〟するという点で他のアウトドアレジャーとは大きく異なっていて、狩猟を行う側がいくら「合理的ではない」と思っても、こうした考え方の人も一定数いるということを理解しておく必要があるだろう。

## 狩猟が禁止、許可が必要な場所

| 狩猟が禁止されている場所 | 主な理由 |
|---|---|
| 公道（農道や林道も含む） | 人や車が往来を妨げるため |
| 社寺境内・墓地 | 神聖さや尊厳を保持するため |
| 区域が明示された都市公園 | 人が多く集まる場所で事故を防止するため |
| 自然公園の特別保護地区、原生自然環境保全地域 | 生態系保護を図るため |

| 狩猟に許可を必要とする場所 | 主な理由 |
|---|---|
| 国有林 | 入林届を出すために、所轄の森林管理署（事務所）に届け出を出す |
| 垣、さくその他これに類するもので囲まれた土地、または作物のある土地 | 鳥獣法17条により、土地所有者へ許可を得ることが決められている |
| 上記以外（乱場） | 法律上の定めはないが、トラブル防止のために土地所有者の許可を取ることが望ましい |

03

# 罠猟を始めるための猟具や工具類にはどのくらいの費用がかかる？

ANSWER

## 平均すると12〜15万円が相場だが仲間との共有や助成でコストダウンも可

罠猟を始める前には、猟場の調査に加えて使用する罠の購入や必要となる工具類の購入を並行して進めておきたい。罠の価格はくくり罠にしても箱罠にしても、おおよその相場が決まっている。罠本体の構成パーツや補修部品、工具、止め刺し用の道具類などを見積もると、総額で12〜15万円ほどを初期費用として見込んでおけばいいだろう。

右ページの見積もり項目には含んでいないが、罠猟で捕獲した獲物の運搬方法も考えておかなければならないので、やはり自家用車が必要になる。未舗装の山道に入っていくことも多いので、できれば4輪駆動車がベター。普通車でも獲物の運搬は可能だが、その場合は血やダニが車内に漏れ出ないように工夫する必要がある。その手間を考えると、できれば軽トラがあれば理想的。中古の四駆軽トラなら程度にもよるが、40〜50万円で手に入れることができる。車両については、別の設問で詳しく解説していくことにする。

罠猟を始めるにあたっては、あらかじめ必要な猟具、工具、道具、運搬車両などをそろえておかなければならないが、できる限り予算を抑えたいところだ。そこで何かいい方法はないか回答者に質問したところ、小林さんから次のような答えが届いた。

「罠猟を行う仲間を見つけて、猟具や工具をシェアするというのも有効な手段だと思います。たとえばくくり罠の補修に必要なスエージャカッターや、止め刺し用の保定道具などは、必要なときに手元にあればいいので、共同で使ったほうが経済的です。銃は他人に持たせることや、貸し借りが禁止されていますが、罠の場合はそういった法律的な制限がありません。罠を行う猟仲間と一括購入すれば送料も安くなるし、罠の貸し借りも可能です」

先に「罠猟は基本的には単独」と述べたが、近年は罠ハンターがグループをつくって行動することも珍しくない。その大きな理由が小林さんの言う「猟具・工具類の貸し借り」であり、グループ内で猟場情報を共有できるというメリットもある。土地の地権者にしても、罠ハンターが一人ずつ許可をもらいにくるよりも、グループの代表にまとめて情報を共有してもらったほうが手間も省けて効率的だ。

また、後述する止め刺しを行う場合、安全性を考えると、できるだけ銃で止め刺しをすることが望ましい。よってグループ内に銃所持者がいれば、応援を頼みやすくなるといったメリットもある。猟具類の管理や猟場の割り当てといった手間はあるが、メリットも大きいことを知っておこう。

## 鳥獣被害対策実施隊の隊員になれば様々な経済的なメリットがある

わな猟免許にかかる費用については、最近は自治体からの補助もあると話すのが、オーエスピー商会の日和佐憲厳さんだ。

「最近は鳥獣被害防止の名目で、各市町村が狩猟免許取得にかかる費用に対して補助を出すケースも増えています。また、市町村が組織する鳥獣被害対策実施隊の対象鳥獣捕獲員になると、狩猟者登録に必要な狩猟税が1/2に減税（※減税処置は令和6年3月31日まで）され、さらに罠の支給や費用を補助してくれる場合もあります。こういった制度をうまく利用すればコストを大きく下げることも可能です」

鳥獣被害対策実施隊は市町村によって採用の要件が異なるため、希望者は市町村の担当窓口に問い合わせて欲しい。多くの自治体が地元の猟友会（支部猟友会）に、対象鳥獣捕獲員の採用基準を丸投げしているパターンも多いため、「○年以上猟友会に所属をしていないと採用できない」など基準は異なるが、一般的に罠猟に関しては採用基準が緩やかな場合が多い。1年目から対象鳥獣捕獲員に採用されるケースも多く、鳥獣被害対策実施隊では捕獲頭数に応じた報奨金が出るところも多いため、この費用を罠の購入費に充てることで、さらにコストを抑えることも可能になる。

## 罠猟を始めるためにかかる費用の目安

| | | |
|---|---|---|
| 罠猟を始めるためにかかる費用 | 罠猟免許取得費用 | 17,200円 |
| 毎年の狩猟者登録 | 狩猟税<br>※道府県民税の所得割の納付を要しない人 | 8,200円<br>※5,500円 |
| | 登録手数料 | 1,800円 |
| | 損害賠償証明：猟友会共済（猟友会入会費＋共済費）<br>※ハンター保険（団体保険に任意加入） | 12,300円（支部猟友会、都道府県猟友会によって異なる）<br>※4,000～10,000円（補償内容により掛け金は異なる） |
| 猟具・工具類 | くくり罠<br>箱罠 | 1基6,000円×5＝30,000円<br>大型1基100,000円、小型1基10,000円 |
| | 設置用工具（ハンマー、スコップなど） | 10,000円 |
| | スエージャカッター（くくり罠用）<br>補修部品（くくり罠用） | 20,000円<br>10,000円 |
| | 保定道具（ロープ、鼻くくりなど）<br>止め刺し用道具（ナイフなど）<br>※電気止め刺しの場合 | 10,000円<br>5,000円<br>※20,000円 |
| | 引き出し用道具（トロ舟など） | 10,000円 |

費用の概算：**12～15万円**

# 04

# 罠猟は意外と危険って本当？罠猟に潜む危険について教えて

ANSWER

## 止め刺しの際の死傷事故が多い。小中型獣でも油断は禁物

誤射や暴発など、銃猟の危険は素人目にもわかりやすいが、罠猟は銃を使わないこともあり「安全な狩猟」と思われがちだ。しかし、現実はそうとは限らないと話すのが、山口県で罠猟を行う藤元敬介さんだ。自身が罠猟中に起きた実際の事故について、次のように話してくれた。

「銃猟の場合は遠距離から獲物を仕留めることができますが、罠猟の場合はまだ生きている獲物と対峙してとどめを刺さなければなりません。罠にかかった動物は死に物狂いでこちらに抵抗してくるため、しばしば反撃を受けて大ケガを負うことがあります。実際に私もくくり罠にかかったイノシシにとどめを刺そうと近づいたとき、獲物を捕縛しているワイヤーが切れてしまったことがあります。幸いにもイノシシは反対方向に走り去っていきましたが、もしイノシシが自分に向かって突進してきたらと思うと、ゾッとします。イノシシの牙の先端は尖っているため、太ももを突き上げられでもしたらケガでは済みません。実際にイノシシの牙に刺されて死亡した事故は、全国で数多く報告されています」

近年、市街地に野生のイノシシが出没したというニュースが増え、イノシシの敏捷さや獰猛さについてはよく知られるようになってきたが、危険な動物は他にもいる。それがおとなしそうに見えるニホンジカだ。特に猟期中のオスジカには長く鋭い角が生えているため、罠にかかったオスジカに近づくと角先を振り上げて威嚇してくる。衣類を簡単に突き破るほどの威力があり、運悪く目に当たると失明の危険性もある。角が刺さらないまでも、シカの突進によって弾き飛ばされて崖から滑落したり、飛ばされた先で石に頭をぶつけたり、鋭く尖った木に突き刺さったといった事故も実際に報告されている。

### 咬まれたり引っ掻かれることで感染症のリスクが高まる

また、イノシシやシカといった大型獣以外でも、その危険性は変わらないと指摘す

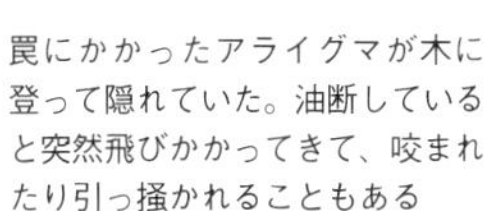

罠にかかったアライグマが木に登って隠れていた。油断しているとと突然飛びかかってきて、咬まれたり引っ掻かれることもある

罠にかかったオスジカに不用意に近づくと、鋭い角を向けて威嚇をしてきた

るのは山本さんだ。

「私は罠にかかっていたアナグマに、足を咬まれたことがあります。ゴム長靴を履いていましたが深く傷を負ってしまいました。野生動物に咬まれることで怖いのが、感染症だといわれています。野生動物の口腔内には様々な細菌やウイルスが付着しているので、破傷風や狂犬病といった命にかかわる危険な病原菌を保有しているリスクもあります。私は破傷風ワクチンを打っていたので、咬まれたときは大事にならずに済みました。また、動物の爪にも病原菌は潜んでいる可能性があるので、引っ掻かれないような対策も必要です。このように罠猟では獲物からの反撃を受けるリスクがあるということと、それが単なるケガで終わらない可能性もあるということを、十分に理解しておかなければなりません」

罠猟に潜む危険はこれだけではない。イノシシやシカを捕獲するくくり罠では強力なバネを使うため、使い方を誤ると大ケガをする恐れがあると日和佐さんは言う。

「くくり罠猟では〝ねじりバネ〟と呼ばれるバネがよく使われますが、罠の設置中にバネが暴発して顔や腕をケガする事故がたびたび起こっています。運悪く暴発したバネが目に当たって失明する事故も起きているので、『罠は銃に比べて安全な猟法』などと考えずに、手順を守り、危険性を理解したうえで取扱ってください」

# 都心暮らしだが罠猟をやってみたい何か方法はある？

ANSWER

## 工夫次第で週末罠猟も可能。罠猟コミュニティに所属するという手も

ひと昔前まで狩猟免許試験といえば、年に1、2回程度の開催が普通だったが、近年は3～5回以上開催される都道府県も増えている。大都市圏の狩猟免許試験では申請者が定員を超えることも多く、受験するのに抽選が行われるといった状況も生まれている。こうした〝狩猟人気〟の主流となっているのが銃猟ではなく罠猟だということは、わな猟免許取得者数の増加からも明らかなのだが、東京や大阪、名古屋といった大都市圏に住む人が罠猟免許を取得したところで、果たして罠猟はできないだろうという否定的な意見も、相変わらず根強い。

そこで、回答者に「都心部在住の人が罠猟をするには？」という質問を投げたところ、やはり厳しい意見が返ってきた。

「罠猟は一度設置したら、原則として毎日見回りをしなければなりません。住まいから離れた場所に罠を設置しても見回りが困難であれば、罠猟を行うのは正直に言えばかなり難しいでしょう」（小林さん）

いつ獲物がかかるか予測できない罠猟では毎日の見回りが欠かせない以上、何十㎞も離れた自宅から猟場に〝通う〟のが現実的でないのは確かだ。しかし、だからといって絶対に「不可能」というわけではないと小林さんは言う。

「罠猟では餌を使って獲物を誘引する捕獲方法があります。これはあらかじめ罠を仕掛ける場所に餌を撒いておき、獲物の警戒心を緩めて十分に餌に慣れてきたところで罠をかけます。箱罠では一般的に餌を使った方法が用いられますが、くくり罠でも誘引捕獲は可能です」

小林さんが考案したこの方法は「小林式誘引捕獲」と呼ばれ、考え方は実にシンプルだ。まず捕獲したい場所に餌を撒いて様子を観察し、餌が食べられている場所に罠を設置すればいい。獲物が餌を食べていると確信するまでは設置した罠にロックをかけて休止させておけるので、平日の都合のつく時間を観察に充てて、休日前に罠をアクティブ化し、翌朝見回りをしてかかっていたら捕獲するという〝短期決戦〟パター

小林式誘引捕獲を考案した小林さん。
きっかけは業務で国有林内のシカの駆除を効率的に行うためだったという

近畿中国森林管理局
「小林式誘引捕獲について」

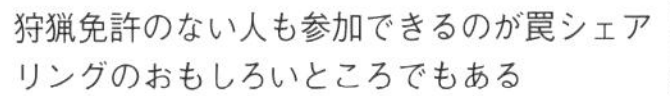

狩猟免許のない人も参加できるのが罠シェアリングのおもしろいところでもある

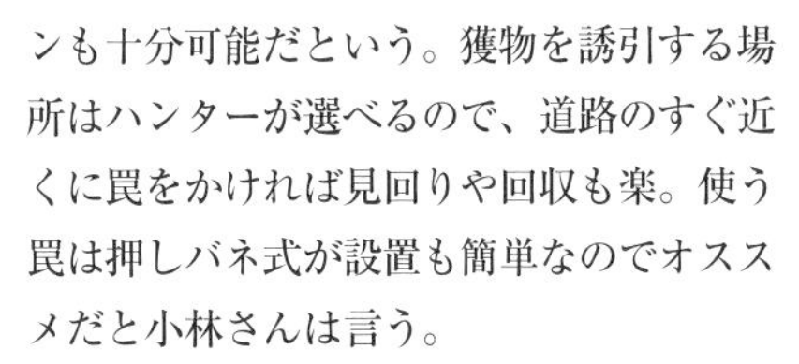

ンも十分可能だという。獲物を誘引する場所はハンターが選べるので、道路のすぐ近くに罠をかければ見回りや回収も楽。使う罠は押しバネ式が設置も簡単なのでオススメだと小林さんは言う。

この捕獲方法の詳しい設置手順などは、小林さんの勤務先である近畿中国森林管理局のホームページで公開されている。

## 若い人に人気になりつつある罠シェアリングというコミュニティ

先にも触れたように、最近は罠猟をグループで行う人たちも増えてきている。オリモ製作販売の折茂竜さんは、近年の動向について次のように語る。

「従来まで罠猟といえば単独で行うものとされていましたが、ここ数年は特に免許を取得したばかりの若い人の中には、グループで罠猟をするという人たちも多くなっています。このようなグループはTwitterやFacebookなどのSNSを利用したコミュニティで結成されたグループも多く、都心住まいのメンバーは休日だけ見回りや解体に参加するというふうに、役割分担しているケースもあるようです」

罠猟は基本的には単独で行えるようにしておくべきではあるが、生活スタイルとの兼ね合いなどからグループで行う人も増えているのが実情だ。こうした活動は「罠シェアリング」と呼ばれ、最近は都心部を中心に様々な形で罠猟をシェアするグループが生まれている。都心住まいでどうしても休日しか罠猟を行う時間的余裕がないという人は、こうした活動に参加して罠猟を始めてみるのもひとつの手かもしれない。

そしてもうひとつ、大都心近郊でも比較的手軽に行えるのが、その生息域を都市部に広げているアライグマやハクビシン、タイワンリスといった中小型獣の罠猟だ。人間社会に近い場所に生息している獣は害獣として問題になっているケースも多いため、地元の猟友会や市町村役場で情報を集めると、想像以上に都市部に近いところに猟場となる場所が見つかることもある。

# 06

# アパートやマンション住まいで猟具の保管や解体場所を確保するには?

ANSWER

## 罠をかける地元農家と人と仲よくなって場所を提供してもらう交渉をする

くくり罠は猟師1人あたり最大で30基までかけることができるため、同時に複数の罠をかけるというのが一般的だが、意外に多くの罠猟師が頭を悩ませているのが、その置き場をどう確保するかという問題だ。しかも、罠猟には猟具だけでなく補修工具や止め刺し用の道具など様々なアイテムが必要になるため、それらをまとめて保管できる場所を確保するのは容易ではない。自宅に空いている部屋や倉庫などがあればいいが、マンションやアパート暮らしだとそうはいかない。

そこで、罠猟を行っている回答者に罠猟関連のアイテムがどれくらいの量になるのかを尋ねたところ、いわゆる〝ミカンコンテナ〟で5～6個分という結果になった。ミカンコンテナのサイズを容量70ℓ、外寸62×43×32㎝とすると、3段重ねにすれば畳1畳分ほどのスペースがあれば、室内やベランダでも置けないサイズではない。しかし、くくり罠の自作や補修の作業をするためには、こうした工具や道具を広げる場所も必要になるので、最低でも3畳ほどのスペースは確保しなければならない。

「猟期中にしか使用しないという人なら、トランクルームを使うという手もあります。料金は地域差がありますが、屋外型であれば1畳あたり月4千円ほどだそうです。野外で使っていたものを家の中に持ち込みたくないという人は、候補のひとつになると思います。また、軽バンに乗っている罠ハンターの場合、アウトドア用品の保管などにも使われるRVボックスに猟具や道具類を入れて、車の中に積みっ放しにしている人もいます」(山本さん)

アウトドアを趣味にしている人の中には、車のラゲッジスペースを保管場所にしている人も多いが、刃物類の扱いには注意が必要だ。刃渡り6㎝を超えるナイフ類は、銃刀法によって「正当な理由なく」携帯をしていると違法となる可能性がある。また、刃渡り6㎝以下でも隠して「携帯していた場合」は、軽犯罪法違反になる可能性がある。たとえ車の中に入れていても、出し入

藤元さんの装備。猟具だけでなくチェーンソーなどの工具類も必要になるという

軽トラを活用して野外で手際よく解体を行う小林さん。肉に汚れや毛が付着しないように工夫しながら解体している

れの際に問題視されることがあるので、狩猟中以外の刃物類は必ず自宅内で保管し、車に積みっ放しにしないようにすべきだ。同様にペンチやノコギリ、ハンマーのような工具類も、場合によって軽犯罪法に抵触する可能性があるので、工具類もできる限り自宅内で保管し、コンテナ類には南京錠をかけるといった対処をしておきたい。

## 交換条件を提示して交渉すれば解体場所を提供してもらうことも

やや裏ワザ的な方法だが、「罠をかける場所の近隣の農家で保管させてもらう」という手もあると話すのは日和佐さんだ。

「罠をかけさせてもらう農家さんに交渉して、納屋や農地の隅に道具を置かせてもらうという手も考えられます。場所を貸してもらう代わりに、農地に出没する獣を優先的に捕獲すること、また、獲れたジビエをおすそ分けするという交換条件なら、交渉はそれほど難しくはないはずです。アパートやマンション暮らしの人は、獲物の解体場所探しにも苦労すると思いますが、地元の農家と良好な関係が築ければ、解体場所だけでなく水場を利用させてもらうこともできるし、地元のベテラン猟師さんに解体を依頼するという手もあります」

獲物の解体場所については、山本さんからこんな意見もあった。

「一人暮らしの人の中には、お風呂場で解体をする人も結構多いです。狩猟で捕獲した獲物の残滓は一般ごみとして捨てることができるため、血や臭いが漏れないように黒いゴミ袋で厳重に包んで処分できます。まれに家族がいてもお風呂場で解体をするという人がいますが、よほどのジビエ好きか狩猟に理解がある人でもなければ、難しいと思います（笑）」

# 女性でもひとりで罠猟ができる？大きな獲物を引っ張り出せる？

ANSWER

## 力よりも知恵と創意工夫が大切。「女性だから難しい」は誤解にすぎない

日本の女性ハンターの比率は、平成21年度までは全体の１％にも満たない数字だったが、近年は少しずつ女性ハンターの数も増えている。たとえば令和４年時点の香川県の狩猟免許所持者に占める女性の割合は4.7％だが、銃猟免許所持者4.2％に対して、罠猟免許所持者が5.2％と多くなっている。こうした流れは全国的な傾向であり、これまで「男性の趣味」と思われていた狩猟の世界、特に罠猟は少しずつ変容してきているのは間違いない。

とはいえ、罠猟は基本的に単独で行動することが多い猟法であり、罠にかかった獲物の止め刺しや、獲物を山から引き出す作業もすべて自分でやらなければならない。力自慢の男件猟師でも大変な作業であり、女性にとってはかなりハードルが高いと感じる人も多いだろう。この疑問について、山本さんは次のように回答してくれた。

「確かに女性ひとりで罠猟を行うにはいろいろと難しいこともありますが、だからといって決して無理というわけではありません。私は身長155㎝、体重43kgと平均よりも小柄ですが、自分だけでできる無理のない方法で、実際に年間90頭近いイノシシとシカを罠で捕獲しています。大きな獲物を引き出すには力が必要だと考える人が多いと思いますが、それは知恵と道具次第でどうとでもなります。たとえば獲物を引っ張るときも、そのまま引きずったのでは男性でも苦労しますが、地面との摩擦を減らす道具を使えば100kg近い獲物もひとりで移動させることができます」

地勢や地面の起伏などでどうしても獲物が引き出せない場合、山本さんは軽トラに取り付けた電動ウィンチや滑車などを補助的に使って対応しているという。

「実際に私が知っている70歳、80歳以上の猟師さんたちが、罠を使って獲物を捕獲しています。つまり、重要なのは罠を仕掛けて捕獲するスキルであり、そこには創意工夫する姿勢が必要です。女性だから、高齢者だから難しいというのは、ただの思い込みだと思います」（山本さん）

山本さんは罠の設置から獲物の回収まで、基本的にひとりで行っている。女性だから無理というのは誤解だと話す

男性でも危険がつきまとう止め刺し作業だが、道具を活用して慎重かつ安全に行っているという

基本的に単独で罠猟を行う山本さんだが、止め刺しなどでは地元の先輩猟師に手助けを求めることもあるという。

「男女の区別なく助け合いながら狩猟を行うのはとても重要です。特に大物の場合、一歩間違えば大事故になることもあります。私は巨大な獲物がくくり罠にかかったときは、ひとりでもいけそうと思ってもなるべく応援を呼びます。逆に、私も応援要請があればできる限り駆けつけます。このような関係づくりのためにも、一から十まで罠猟をひとりでできる道具をそろえ、基本的なスキルを身につけておいたほうがいいと思います。〝お互い様〟という気持ちが大切です」(山本さん)

## 野生動物になめられてしまうのと女性向けアイテムの少なさも問題

一方で罠猟には女性ならではの難しさもあると山本さんは言う。

「野生の獣は女性を〝なめてかかる〟傾向があります。実際に男性数名とイノシシの止め刺しをしたとき、男性のことは警戒しているのに、私に対しては突進や牙を鳴らして威嚇してきました。同じようなことはシカでも経験しました。野生の獣は体の大きさや雰囲気で強さを判断しているので、女性は〝弱い存在〟と認識され、攻撃対象になりやすいのではと推察しています」

人間の性別の違いによる野生動物の行動の変化は、サルやカラスなどでも見られる。実際にこれらの動物は人間の男性に対しては寄り付かないが、女性に対しては攻撃的になったり、逆に無警戒になったりする行動が知られている。

「これは問題というほどではありませんが、狩猟用のウェアや道具類は男性用につくられていることが多いので、私のような小柄な女性には大きすぎます。欧米では女性の狩猟者も多いため、女性向けのウェアや道具の品ぞろえが充実していますが、日本ではまだ品ぞろえもよくありません。ただ、ここ数年は女性用アウトドアウェアを扱うメーカーも増えてたので、選択の幅は広くなっているように思います」(山本さん)

# 罠猟でも銃を持つべき? 銃が必要になるのはなぜ?

ANSWER

## 銃による止め刺しが最も安全。特に女性はなるべく銃を持ったほうがいい

日本国内で銃を所持するハードルは非常に高い。狩猟で使用する猟銃（散弾銃やライフル銃など）や空気銃（エアライフル）を所持するためには、まず各都道府県公安委員会で開催される猟銃等講習会初心者講習を受講して考査に合格し、散弾銃を所持する場合は射撃教習を受講する必要がある。所持許可に必要な申請には様々な書類が必要となり、公安委員会による厳しい身元調査や身辺調査まで行われる。さらに銃の所持にはそれなりの費用がかかるし、各種手続きに費やす手間と時間もバカにならない。

こうした事情もあり、「銃を所持する必要がないので罠猟を始めようと思った」という人は意外に多いはずだ。しかし、本書の回答者の意見としては、「罠猟をするならできれば銃も所持したほうがいい」というものが多かった。これはどのような理由によるのだろう？　佐賀県嬉野市の罠メーカー太田製作所の太田政信さんは次のように回答する。

「罠の止め刺しにはいくつか方法がありますが、最も安全なのは銃を使うことです。銃であれば少なくとも20ｍ近く獲物との距離が取れるので、万が一罠が壊れたとしても反撃をくらう危険は低くなります」

銃による止め刺しについては、長年「罠で捕獲完了した野生鳥獣に銃を使うことは発射制限違反となる」とされていたが、罠の止め刺しに伴う死傷事故が相次いだため、現在は認められている。ただし、銃を使った止め刺しには条件がいくつか設定されているので、注意が必要だ。

なお、箱罠猟に関して巷では「銃は必要ない」という意見も多いが、箱罠における止め刺しで負傷した事故は、平成23～26年の間で31件報告されている。事故例としては「箱罠を固定していた丸太が動き、イノシシの牙で突かれ重症を負ったケース」や「止め刺しをして死んだと思い扉を開けたら、襲撃されて足の指を咬みちぎられたケース」などがある。箱罠といえども決して安全とは言いきれず、やはり銃による止め刺しが確実なのは間違いない。

銃を使って獲物との距離を確保した場所から止め刺しを行う

最近のハイパワーの空気銃を使えば大型獣の止め刺しも可能だ

女性猟師の山本さんも、罠猟を始めてから改めて銃の必要性に気づいたという。

「狩猟を始めたいという女性と話をすると、『家族から銃を持つことを反対されたので罠猟を始めたい』というケースが多いですね。しかし、本当に〝安全〟を考えるのであれば、女性のほうが銃を持つべきだと思います。野生の獣はとても危険な存在です。これらと対峙する狩猟では、人間側も圧倒的な力となる銃を持っていたほうが安全です。どうしても自身で銃を持てない場合でも、最初はできるだけ銃を所持した人と一緒に見回りや止め刺しを行うのが望ましいと思います」

## クマが出没する地域での罠猟にはできれば銃を用意しておきたい

また、罠の止め刺しで近年増えているのが、クマによる逆襲事故だ。罠猟でツキノワグマを捕獲することは禁止されているが、まれに罠にかかってしまうことがある。罠にかかったクマは凶暴性が増すだけでなく、子グマが罠にかかった場合などは親グマが罠の近くに潜んでいることもあるため、非常に危険だ。もしクマが出没する可能性が高い地域で罠猟をする場合は、できれば銃を所持しておき、銃猟の狩猟者登録も行っておいたほうがいい。

ツキノワグマとヒグマについては、これまで多くの地域で個体数の減少が問題視されてきたが、近年は増加傾向にある地域も増えている。こういった地域で罠猟を行う場合は、クマの錯誤捕獲を防ぐための対策も必要になることを覚えておこう。

09

# 所有農地の害獣捕獲に免許は必須？免許なしでは捕獲できない？

ANSWER

## 特定条件で囲い罠は免許不要だが取得することのアドバンテージもある

近年、わな猟免許の取得者が急激に伸びており、平成27年にはわな猟免許所持者数が第一種銃猟免許所持者数を超え（※銃猟・わな猟免許の重複所持を含む）、現在でもその差は大きくなってきている。この背景には趣味で罠猟をやってみたいという人だけでなく、自分が所有する農地の自衛のために免許を取る人が増えているという事情がある。野生鳥獣による農林業への被害は確実に増大しており、もはや行政の対応を待つ余裕もないほど悪化している地域も少なくない。

しかし、注意しなければならないのが、〝狩猟〟だけでは効果的に野生鳥獣による被害を防ぐことが難しいという現実だ。

「一般的な猟期は11月15日から翌年の2月15日までとされており、この期間しか罠をかけることはできませんから、春から秋にかけて田畑を荒らす野生鳥獣に対しては、狩猟では対策できないのです。しかも、狩猟で捕獲できる野生鳥獣は〝狩猟鳥獣〟に指定された種類だけなので、狩猟鳥獣ではないニホンザルやキョン、ニホンカモシカといった獣はたとえ猟期でも捕獲することができません。もはや狩猟制度だけで農林業被害を防ぐというのは、現実的な考えではありません。実際の獣害対策では、鳥獣の侵入を防ぐ電気柵などの設置、鳥獣を寄せ付けにくい環境づくりに加え、加害個体の捕獲やその生息密度を減らす駆除が同時に行われています」（山本さん）

とはいえ、だからといって農林業従事者が狩猟免許を所持することは、決して意味のない行為ではない。おもに箱罠の運用で地元の農家と連携した駆除活動を行っている藤元さんは、次のように回答する。

「私は専業で罠を使ったイノシシの捕獲を行っていますが、駆除を行うためには農家さんたちの協力が欠かせません。しかし、実際には農家さん自身にイノシシに対抗するための知識や技術が不足しており、なかなか効率的に対応できていないのが現状です。まずは農家さん自身に、野生動物の生態や狩猟についての基本的な知識を身につ

地元農家と連携してミカン畑を荒らす
イノシシを捕獲している藤元さん

特定外来生物であるアライグマ捕獲は
特例として認められている

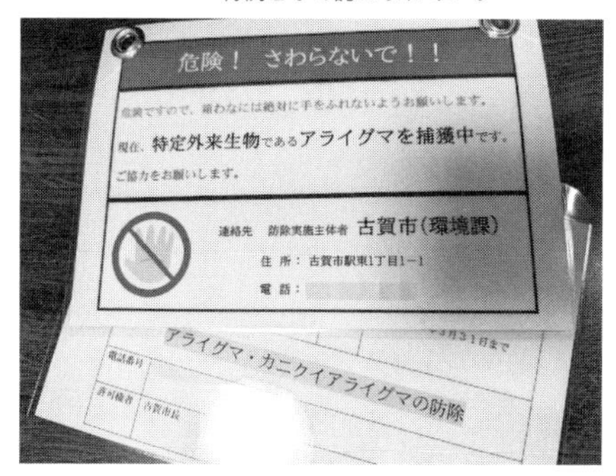


けてもらい、私のような専業猟師がその活動を〝サポート〟するという形が、最も効果的な対策になると思います」

藤元さんの話によると、被害に困っている当事者である農家から、捕獲対象となるイノシシやシカの正確な出没情報や詳しい動向などの情報をもらえるだけでも、駆除は格段にやりやすくなるという。こうした連携をスムーズにするという意味でも、農林業従事者自身が狩猟免許を所持して、罠猟に関する知見を増やすというのは、決してムダなことではないのである。

## 被害防止の囲い罠に限って 免許なしで仕掛けることができる

ちなみに、〝囲い罠〟と呼ばれる種類の罠であれば、猟期中に限ってわな猟免許なしでも設置ができる場合があると教えてくれたのが、太田さんだ。

「農林業者が事業への被害を防ぐ目的に限り、猟期内であれば自身が所有する農林業地内に囲い罠を仕掛けることができるという例外規定が、鳥獣保護法にあります。囲い罠とは上面が開いたタイプの檻を使った罠で、獲物を罠の中におびき寄せて捕獲します。従来の囲い罠はワイヤーメッシュ製が多かったため、設置が大変で高価でしたが、最近はネットを使った廉価なものも販売されています。シカに対してはまだ捕獲方法が確立されていない点もありますが、イノシシに関しては高い効果を発揮しています」

さらに、特定外来生物に指定されているアライグマやヌートリアなどに関しては、狩猟制度や捕獲許可制度とは別の形で捕獲できる可能性があると小林さんは言う。

「こうした獣類による被害が出ている地域では、外来生物法（特定外来生物による生態系等に係る被害の防止に関する法律）などの特例により、狩猟免許がなくても捕獲できる場合があります。ただ、駆除目的での捕獲は自治体によっては講習を受ける必要もあるので、詳しくは役場の担当窓口に問い合わせてください」

10

# 罠猟をするには猟友会に入る必要がある?

ANSWER

## 損害賠償の証明だけなら必須ではないが人間関係を広げるという点では有効

猟友会は日本国内で活動する狩猟者のための組織で、加入することで様々なサポートを受けることができる。しかし、罠猟ハンターの中には猟友会に所属していない人が意外と多い。その理由として挙げられるのが、猟友会が提供するサービスの多くは銃猟ハンターに向けたものが多いということだ。たとえば、猟友会が行うイベントに猟期前・猟期後の射撃会の開催があるが、罠猟だけを行う狩猟者は参加することができない。猟友会に加入することで、銃猟ハンターは猟場などの情報を会員同士で共有できるというメリットがあるが、罠猟ハンターにとってこのような情報は、シークレットである場合が多い。

猟友会を組織する大日本猟友会や各都道府県猟友会側も、増加する罠猟会員に対して新しいサービスの提供を検討する動きもあるようだが、残念ながら現状は満足できていないという意見が多いようだ。

結論から言うと、猟友会に加入していなくても罠猟を行うことはできるのだが、狩猟者登録における「3,000万円以上の損害賠償能力の証明」が問題になってくる。ご存じのように、猟友会に加入していれば大日本猟友会が提供する狩猟事故共済保険や、都道府県猟友会が団体で加入する民間の保険に加入することができるが、個人で狩猟者登録を行う場合は、自力でこの点をクリアしておかなければならない。

### 猟友会に入らずに賠償能力を証明する方法は3つ

では、罠猟ハンターが猟友会に加入せずに、3,000万円以上の損害賠償能力の証明を用意する方法はあるのだろうか? 山本さんは次のように回答する。

「猟友会を通さない方法は、3つ考えられます。ひとつ目が、預金残高証明書や有価証券の取引残高報告書など、3,000万円以上の資産を持っていることを証明する資料があれば大丈夫です。銃猟は誤射の危険などがありますが、罠猟の場合は他損事故を起こすリスクは低いと考える人も多いため、

## 3,000万円以上の損害賠償能力の証明

| | |
|---|---|
| 損害賠償能力の証明の例 | ●3,000万円以上の資産を保有することの証明書<br>・銀行などで発行される預貯金残高証明書<br>・証券会社が発行する有価証券の取引残高報告書<br>・市区町村が発行する不動産の固定資産評価証明書など |
| | ●大日本猟友会が提供する狩猟事故共済保険（猟友会への加入が必要）<br>・都道府県猟友会が団体で加入している総合生活保険（ハンター補償）＋施設賠償責任保険（猟友会への加入が必要） |
| | ●狩猟者のコミュニティなどが団体で加入している施設賠償責任保険 |
| | ●個人賠償責任保険（火災保険や傷害保険、自動車保険などの特約で付けられる場合が多い。ただし業務としての有害鳥獣駆除などでは保険適用外） |

資産証明で済ませる人もいるようです。2つ目は狩猟者コミュニティなどが団体で加入している、施設賠償責任保険に加入する方法です。ただし、同じ『狩猟者が団体で入る保険』でも『ハンター保険』という名前で募集している商品には、罠猟での損害は対象外となっている場合があります。罠猟を対象にした保険には施設賠償責任保険が必要となるので、コミュニティに加入する場合は必ず確認をしておきましょう。3つ目が個人賠償責任保険を利用する方法です。これは日常生活において他人をケガさせたり、他人の物を壊してしまった場合の損害を補償する保険で、レジャーとして楽しむ罠猟でも適用される場合があります。また、自動車保険や火災保険などの特約として付けることもできるため、年間数千円ほどで加入できる点も魅力です」

山本さんが言うように、最近罠猟を始めたハンターの間では、個人賠償責任保険を使う人も増えているが、この保険は有害鳥獣駆除など「業務上の過失」は保険対象外となる可能性もあるので、注意が必要だ。また、都道府県猟友会や狩猟者コミュニティが団体で入る保険には、施設賠償責任保険に加えて、自身が死傷した場合に支払われる障害補償がセットになっている場合も多い。罠猟では罠にかかった獲物を止め刺しするときにケガをするリスクが高いため、必須となる賠償責任だけでなく、自分自身のケガなどに保険をかけておくことも検討しておきたい。

最後に、「猟友会への入会は人間関係を広げる意味もある」という山本さんからのアドバイスも紹介しておこう。

「猟友会に入るかどうかを保険のことだけで判断せずに、人づきあいを広げるという面も含めて考えたほうがいいと思います。私が住むエリアでは猟師の多くが猟友会に所属しているので、罠猟を始める場合でも地域の人や先輩猟師との関わりは大切です。私はベテランの猟師に猟友会の後輩として罠猟を教えてもらい、彼らの後ろ盾のおかげで猟場の住民や、地主からの信頼を得ることができました。もし費用のことで猟友会への入会を躊躇しているのなら、こうした目に見えないメリットも含めて検討をしたほうがいいと思います」

11

# そもそも罠とは何？どのような種類があるのか教えて

ANSWER

## 危険猟法・禁止猟法の罠は使用禁止。法定猟法の罠は4種類ある

人間は有史以前から、獲物を捕まえるために様々な〝罠〟を考え出してきた。たとえば「落とし穴（陥穽）」は、地面深く掘った穴に逆茂木と呼ばれる杭を仕込み、追い込んだ獲物を落下させて仕留めるという、とてもシンプルな仕掛けの罠だ。その後、獰猛な大型獣を捕獲するための仕掛け弓や仕掛け銃（据銃）、毒物や劇物を塗った刃物を獲物が通る道に仕込んでおく方法なども考案されたが、誤って罠にかかった人間の命に危険が及ぶような罠は「危険猟法」ということで使用が禁止されている。

また、粘着性のある物質を使って鳥などを絡め取る「とりもち」や、岩石や丸太などの重量物で押しつぶす「おし」、バネの力で獣の足を挟む「とらばさみ」といった罠も登場したが、これらは狩猟鳥獣以外の鳥獣がかかった場合、無傷で解放することが困難なので、野生鳥獣の保護や乱獲防止という名目で「禁止猟法」とされている。

罠猟では、危険猟法や禁止猟法に抵触しない猟法であれば、誰でも自由に鳥獣を捕獲することが可能なのだが、中でも「くくり罠」「箱罠」「囲い罠」「箱落とし」という４種類の罠は、「法定猟法」という形で定義されている。この法定猟法を使って狩猟を行う場合は、区分に応じた狩猟免許（罠の場合は「わな猟免許」）の所持に加え、狩猟を行う都道府県に対して罠猟の登録を行い、狩猟税を支払う必要がある。また、罠猟に使用される道具は「猟具」と呼ばれ、それぞれ定義が決められている。

### 錯誤捕獲を防ぐ仕組みと動物を解放する仕組みも必要

なお、法定猟法の罠でも構造や付帯する猟法によっては、危険猟法や禁止猟法に抵触する可能性がある。たとえば法定猟法の「くくり罠」をイノシシやシカといった大型獣を対象として仕掛ける場合、使用するワイヤーの太さは「４㎜以上」という規定がある。また、構造の一部には「よりもどし」という部品と「締付け防止金具」を取り付ける必要があり、これが守られていな

## 罠（法定猟法）の種類と定義

**くくり罠**

代表的なくくり罠

**箱罠**

右は中小獣用の小型タイプの箱罠、下はイノシシやシカ用の大型の箱罠

**囲い罠**

かなり大きめの囲い罠

**箱落とし**

## 危険猟法と禁止猟法

| | |
|---|---|
| 危険猟法 | 爆発物、劇薬、毒薬を使用する猟法、据銃、陥穽その他人の生命または身体に重大な危害を及ぼす恐れがある罠 |
| 罠に関する禁止猟法 | ●同時に 31 以上の罠を使用する猟法 |
| | ●鳥類、ヒグマ、ツキノワグマを罠で捕獲すること |
| | ●イノシシ、ニホンジカを捕獲する〝くくり罠〟で、輪の直径が 12㎝より大きい、もしくはワイヤーの直径が 4㎜未満、もしくは締付け防止金具、よりもどしが装着されていないもの |
| | ●イノシシ、ニホンジカ以外の獣類を捕獲する〝くくり罠〟で、輪の直径が12㎝より大きい、もしくは締め付け防止金具が装着されていないもの |
| | ●おし、とらばさみ、釣り針、とりもち、矢（吹き矢、クロスボウなど）を使用すること |

ければ禁止猟法となってしまう。さらに法定猟法の罠では、クマ（ツキノワグマ、ヒグマ）と鳥類の捕獲は禁止されている。よってこうした罠には、鳥獣の錯誤捕獲を防止する仕組みと、万が一錯誤捕獲をしてしまったときに鳥獣を傷つけることなく解放する仕組みを施しておく必要がある。

そんなに細かなところまでと思うかもしれないが、実際の狩猟では故意・過失に限らず、禁止猟法・危険猟法に抵触するような罠が使用されていることが少なくない。こういった違法行為を生じさせないためにも、罠猟を始める前に「罠」とはどのような道具なのか改めて理解しておいて欲しい。

# 12

# くくり罠ってどんな罠?
# メリットとデメリットも知りたい

ANSWER

## 古くから使われていたのは中小型獣専用罠。現在は大物用として進化を遂げている

法定猟法としての罠には様々な種類があるが、現在、主流として使われているのが「くくり罠」だ。くくり罠自体ははるか昔から存在していたが、狙うのは小中型獣が主だった。現在のように大型獣をターゲットにしたくくり罠が登場したのは、今から30年ほど前のことだ。

こうしたくくり罠の変遷について、折茂さんは次のように教えてくれた。

「オリモ製作販売でくくり罠の開発が始まったのが、およそ30年前。私の祖父が社長をしていた頃です。当時、祖父は趣味で銃猟をしていたのですが、イノシシやシカといった大型獣の生息数が少しずつ増え始めていたため、罠でも大物を捕獲できるのではないかと考えたそうです。しかし、当時のくくり罠といえば、ワイヤーを獣道上に設置して、そこを通った獲物の体を締め上げて捕獲する〝胴くくり〟と呼ばれるタイプしかありませんでした。胴くくりには誤って猟犬がかかると、死傷させてしまう危険性が高いという欠点がありました。しかも、胴くくりは狩猟免許を持たずに罠猟を行う密猟者が使うことが多かったため、同じ物を使うわけにはいかないと考えた祖父は、本業であるバネ製造の技術を応用して、獲物の足をワイヤロープでくくって捕縛する〝踏み落とし式〟のくくり罠を開発したわけです」

従来の罠猟といえば、タヌキやキツネ、ウサギなどの毛皮を得るために用いられるのが一般的で、このような中小型獣を捕まえるくくり罠には、針金を使って胴体や首を締め上げるタイプか、曲げた木の反発力を利用して吊るし上げるタイプしかなかった。しかし、このような構造ではイノシシやシカといった大型獣を仕留めるのが難しいだけでなく、折茂さんが言うように錯誤捕獲した犬などを死傷させてしまう可能性も高くなってしまう。そこで生み出されたのが、現在の罠猟の主流となっているワイヤロープとバネを使った、新しいくくり罠というわけだ。

頑丈なワイヤロープと信頼性の高いバネ

オリモ製作販売のロングセラーくくり罠「OM-30型」は、通称〝弁当箱〟と呼ばれ、ファンも多い

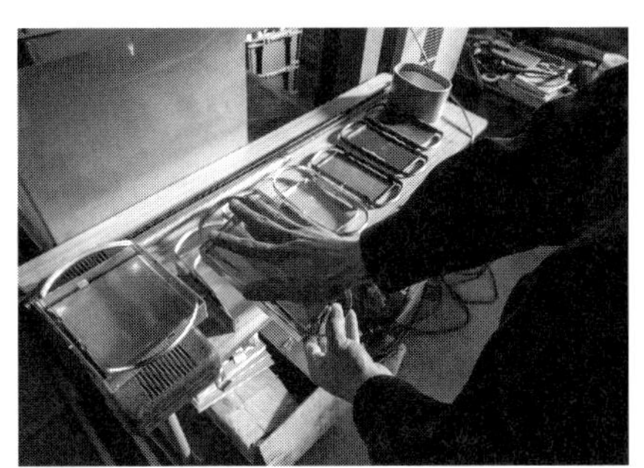

同じコンセプトで設計されたくくり罠でも、使用する場所や用途で様々な種類がある。一番奥のものが初代からある〝踏み落とし式〟のくくり罠だ

でできた大物のくくり罠は、「設置しやすく扱いやすい罠」として、瞬く間に罠猟のメインストリームとも呼ぶべき猟具となったわけだが、ここに至るまでは多くの試行錯誤もあったと折茂さんは振り返る。

「大物猟くくり罠は、祖父の代で一定の完成を見ましたが、そこで終わりというわけではありませんでした。たとえば、初期の段階では『獲物の蹄(ひづめ)の先をかけてしまう』といったトラブルが相次ぎ、足にかかっていたワイヤーがすっぽ抜けて、獲物から逆襲されるといった事故も起こったそうです。また、罠をかける場所の地質は地域によって大きく異なるため、初期のモデルでは凍結しやすい場所や穴が掘りにくい場所では、なかなか設置できないといった問題も発覚しました。こうしたトラブルが見つかるたびにひとつずつ改良を重ねたことで、現在のようにワイヤーをより高く、より素早く締めるための技術と構造が生まれたのです。もちろん改良は現在も続けており、顧客の新しいニーズや法規制に対応する罠を目指して、私たち罠猟具のメーカーは日々努力を重ねています」

## 使いやすくカスタマイズできるのもくくり罠の大きなメリット

ひと口にくくり罠といっても、現在、主流となっているものはその構造によってタイプがさらに細かく分けられるが、そのシンプルな構造ゆえに、自分が使いやすいようにカスタマイズができるという点は共通している。実際、年間100頭以上も獲物を捕獲するという溝曽路さんは、多くのメーカーの既製くくり罠を使う一方で、部品だけをメーカーから購入して自分なりの工夫を施してカスタマイズを行っている。

「これまで多くの罠メーカーの製品を使ってきましたが、近年発売されている既製品の進化には、目を見張るものがあると実感します。ただ、やはり自分の狩猟スタイルが確立されていくと、『もっとワイヤーを締める速度を速くしたい』とか『軽い獲物がかからないようにトリガーを重くしたい』といった欲が出てくるので、そこを工夫して調整するようになりますね。それができるのが、ある意味くくり罠のメリットのひとつなのかもしれません」

13

# 箱罠ってどんな罠？ メリットとデメリットも知りたい

ANSWER

## 檻・扉・トリガーで構成された箱状の罠。構造は単純だが扱いは簡単ではない

くくり罠と双璧をなすのが箱罠である。箱罠がいつ頃からイノシシやシカの捕獲用として使われ始めたのかは、定かではない。50年前に刊行された古い狩猟関連書籍を見ても、箱罠に関しては「イタチやテンなどの小動物を捕獲する木製の箱を使った罠」といった記述があるだけだ。ちなみに、こうした書籍には箱罠に限らず罠に関する記述はほとんど見当たらず、かつての狩猟の中心が銃猟だったということがうかがい知れる。

20歳の頃に箱罠を自作し、現在では罠猟具の製造・販売を行う太田さんは、当時のことを次のように振り返る。

「当時、私は実家で農業を手伝っていたのですが、毎年のように食害を繰り返すイノシシの対応に悩まされていました。役所に何度も足を運んで窮状を訴えたのですが、一向に解決のメドが立たないため、自衛のために始めたのがイノシシ用の箱罠の製造でした」

太田さんによると、当初の箱罠では思ったように捕獲ができず、トライ＆エラーの連続だったという。

「実を言うと、私が箱罠を製造する前からいろいろな場所に箱罠が置かれていたのですが、『使い方がわからない』『イノシシが全然獲れない』といった理由で、地元ではほぼ放置されている状態でした。そこでこれらの箱罠をよく観察して欠点を探り、改良を重ねて数年かけてようやく安定してイノシシを捕獲できる箱罠をつくることができました。実際に私が箱罠でイノシシを捕まえるようになると、同じくイノシシ被害で困っていた地元の農家から『その箱罠はどこで売っているのか？』といった声がかかるようになり、罠の製造と販売を始めました」

### 様々な工夫が必要な箱罠は「シンプル＝簡単」な罠ではない

「檻に入った獲物がトリガーに触れると扉が落ちる」という箱罠の仕組みは、とてもシンプルだ。それゆえ「簡単な罠」と思わ

藤元さんが行っている工夫のひとつ。箱罠の上にブルーシートかけて、雨で餌が傷まないようにしている

太田製作所製の大型箱罠。大型のイノシシが突進しても破られない堅牢性はもちろん、トリガーの設置のしやすさや運搬性も考慮して選びたい

れがちだが、実際にはそれほど単純なものではないと太田さんは言う。

「箱罠の開発で最も苦労したのが、トリガーの構造です。たとえば、『踏み板に乗ると噛み合いが外れて扉が落ちる』というトリガーがありますが、親子連れのイノシシの場合、子イノシシを先に箱罠に入らせて親イノシシは遠くで見ていることもあり、もし子イノシシが踏み板を踏んで箱罠を作動させると親イノシシはそれを学習して二度と近寄ってきません。子イノシシが踏んでもトリガーが起動しないように、踏み板に小枝をはさむといった設定の微調整が必要です。また、滑車やバネを使ったトリガーの場合、初めはうまく作動していても、何年も野外に置いていると錆や経年劣化によりうまく機能しなくなります。このように箱罠のトリガーには、厳しい環境下で長期間放置していても、安定的に駆動するような維持管理も必要になります」

山林などでよく見かける放置されたままの箱罠の多くが、罠猟のノウハウを持たない地元の鉄工所などが適当につくったものだったりするので、これから箱罠を始めようと考えている人は、箱罠の構造を理解すると同時に、そのコンディションを確かめて選定する必要がある。

実際に箱罠で年間400頭以上のイノシシを捕獲する藤元さんは、箱罠の難しさについて次のように述べる。

「獲物を誘引するために撒いた餌を腐らせないようにシートを張ったり、箱罠内の掃除がしやすいようにコンパネ板を敷いたり、箱罠本体の構造以外にも工夫すべきポイントはあります。箱罠は基本的に後から改造するのが難しいので、こうした作業性も考えておくといいでしょう。また、箱罠を移動させることも考慮しておくべきです。少人数で運搬できる重量で、大きな獲物が入っても檻を破られない堅牢さも必要です。箱罠は仕組みがシンプルなだけに工夫が必要になってくる、奥が深い罠だと思います」

14

# 罠は自作したほうがいい？既製品との違いとメリットは？

ANSWER

## 最初の10基は既成品を使って研究し少しずつオリジナルをつくっていく

ひと昔前までのように、中小型獣の捕獲が前提であれば、くくり罠や箱罠は自作しても問題は起きなかった。しかし、現在のように大型のシカやイノシシを罠で捕獲するには、当然のように罠に用いる材料や構造にもそれなりの強度が求められる。この点について、日和佐さんは次のように指摘する。

「昔から罠猟をやっているベテラン猟師の中には、ホームセンターなどで資材を買って自分でつくる人もいます。しかし、大物用の罠は安全性という点でも、やはり信頼のおける専門メーカーの既製品を使ったほうが安心です」

日和佐さんによると、くくり罠を自作するうえで問題になるのが、ワイヤーロープを〝圧着〟する方法だという。

「くくり罠では、ワイヤーロープをスネア（獲物をくくる部分で『輪索（わさ）』とも呼ばれる）にしたり、より戻しを連結するといった加工が必要になります。このとき、一般的にはスリーブと呼ばれる部品で圧着を行いますが、間違ったサイズのスリーブを使ったり、圧着の力が足りていないと、スリーブがすっぽ抜けて罠が壊れる原因になります。くくり罠にかかったイノシシやシカはもの凄い力で罠を引っ張ることになるので、人間が手で引っ張って確認しただけでは、不備があるかどうかはわかりません。正しく圧着できているのを確認するには、やはり慣れが必要です」

くくり罠の自作において、「スリーブがすっぽ抜ける」という意見は、他の回答者からも多く聞かれたが、箱罠の自作については、よりシビアな意見があった。

「大物用の箱罠には、巨大なイノシシが繰り返し体当たりしても耐えられるだけの堅牢さが必要です。こうした強度を考えて金属を溶接するには、かなりの経験値と技術が必要になります」（小林さん）

罠は罠猟具専門メーカーから既製品を購入したほうがいいと話す日和佐さんだが、経験を積んで慣れてきたら「ある程度は自分で修理できるようになることも大切だと言う。

「くくり罠は使われている部品によって、消耗する早さが大きく違います。たとえば、ワイヤーロープやスリーブといった部品は使い回しができませんが、バネは変形や破損がなければ使い回すことができます。踏み板やワイヤーストッパーといった部品も、基本的に消耗することがほとんどありません。消耗が激しい部品だけを自分で交換できるようになれば、その都度既製品を購入するよりも安く罠猟を行うことができます」

## メーカーの既製品を使いながら自分が使いやすいものを見つける

使用するくくり罠はほぼ自作するという山本さんは、「最初の10基くらいは専門メーカーの既製品を使って、その設計や仕組みを自分なりに観察したほうがいい」とアドバイスする。

「くくり罠で獲物を仕留めると、必ずワイヤーなどが消耗するので、そんなときは新品と見比べることで、どこに問題があるのかがわかるし、何をもって故障と判断するのかという基準になります。こういったことがわかるようになったら、あとは消耗しやすい部品をメーカーから購入して、自分で組み立てることで罠猟のコストを下げることができます」

様々なメーカーから複数種類のくくり罠を購入して、その違いを研究したという溝曽路さんは次のように話す。

「各製品にはそれぞれ設計思想があり、メリットデメリット含めて個性があります。こうした要素の中から、自分の狩猟スタイルに合った使いやすい要素を取り出してつくり上げたのが、現在、私が使用しているくくり罠です」

罠の修理を行う山本さん。初めはひとつの罠を徹底して研究し、罠の構造を理解することが重要だと話す

様々なメーカーの既製品を購入して実際に試してみるのも有効だ

溝曽路さんは部品を様々なメーカーから購入し、ほぼオリジナルといえるくくり罠を自作している

自分が使いやすい罠を見つけるためのひとつの〝基準〟として、専門メーカーが販売しているセット商品を使うというのは、確かに理にかなった方法といえる。そこに自分なりの工夫を加えていくことで、徐々にオリジナルの自作罠が完成するはずだ。

一方、それほど消耗を心配する必要のない箱罠の場合も、自分である程度補修する技術は身に着けておくべきだ。特にトリガーには可動部分があるため、部品の交換やメンテナンス、錆止め塗装といった作業が定期的に必要になる。

15

# くくり罠、箱罠を自作する注意点は？ 中小型獣用の罠をつくる注意点は？

ANSWER

## くくり罠の自作や修理では圧着に注意。クマの錯誤捕獲防止の仕組みも必要

くくり罠の自作や修理において重要な「スリーブの圧着」では、必ず専用の工具を使うべきだと日和佐さんは言う。

「アルミ製のスリーブは軟らかいため、ハンマーで叩いて圧着する人もいますが、強度にムラができるためすっぽ抜けを起こす原因になります。また、スリーブ類にはメーカーによって様々な形があり、大きさにも微妙な違いがあります。よって、圧着工具はスリーブに合ったものを使う必要があります。こうした工具類も長く使っているとネジが緩むなどの原因で、圧着不備が起こることもあります。圧着したスリーブは、必ず工具に付属している専用のスケールを使用してください」

サイズが合った専用工具を使うことの重要性は、罠猟の現場で自分の身の安全を守ることに直結する。たとえば、くくり罠のワイヤーストッパーを止めるときに、専用の六角レンチを使わずにペンチなどの工具で締め付ける人も多いが、このような加工をすると、獲物が暴れてワイヤーを何度も引っ張ったときに少しずつ緩むことがある。こうなるとスネアのすっぽ抜けや獲物の足が切れることで、反撃を受ける危険性が高まってしまう。

### クマの錯誤捕獲を防ぐためには12cm規制と抜け穴の設置も必要

くくり罠を自作する際は、スネアの12cm規制にも注意が必要だ。これはクマの錯誤捕獲を防止する目的の規制で、一般的に「直径12cm」は「イノシシやシカの足はくくることができても、クマの足には入らないサイズ」とされている。

「12cm規制については、自治体によっては規制が緩和されている場合があるということを必ず覚えておいてください。たとえばクマが生息していない九州では、自治体の判断で12cm規制が緩和されており、罠猟具メーカーはスネアが12cmよりも大きくなるくくり罠を販売しています。規制が解除されていない地域で12cmより大きいくくり罠を使うのは、もちろん違法です」（日

和佐さん）

なお、この規制ではスネアの〝短部〟が12cmを超えなければ問題ないとされているため、楕円形の踏み板が使われる場合がある。しかし、これについては各方面から「規制が形骸化している」といった批判も多く、今後、規制が強化される可能性があるので、最新の情報を収集するようにしたい。

クマの錯誤捕獲については、箱罠でも対策が必要になると折茂さんは言う。

「クマが出没する地域では、箱罠の天井に『クマの抜け穴』を設ける必要があります。これはクマが誤って箱罠に入った際に、自力で逃げ出せるために設けられています。穴のサイズは20cm程度とかなり小さいですが、クマは頭が入ればスルリと抜けることができ、イノシシやシカはジャンプしても逃げられません」

このクマの抜け穴は、現時点では法規制されていないため、箱罠のメーカーによっては設けられていないことも多い。しかし、箱罠に閉じ込められたクマが狂暴化して暴れると檻や扉を破壊することもあるので、自主規制として設けておくべきだという意見は多い。

一方、アナグマやウサギといった中小型獣を捕獲する罠も市販されているが、基本的に自作する人が多い。その際も禁止猟法に抵触しないように注意が必要だ。

「ウサギなどを捕まえるくくり罠には、『引きずり式』が使われますが、この罠でも大物用と同じように12cm規制と締付け防止金具の装着が必要です。また、中小型獣用のくくり罠には大物用とは違い『ワイヤー径4mm以上』という規制がないため、細い真鍮製の針金がよく使われます。しかし、ウサギがかかってもワイヤーを噛み切って逃げてしまうこともあるので注意が必要です」（折茂さん）

一般的にイノシシ・シカ用のくくり罠には直径4mmのワイヤーロープが使われるが、それよりも細い直径2.0～1.0mmといったタイプも存在する。よってタヌキやアナグマ、ウサギのような獣には直径2.0～1.5mmを、タイワンリスといった小型獣には直径1.0mmを使うといいだろう。

ワイヤーロープを連結かしめるスリーブ（アルミ製の場合）は、専用の工具を使って圧着する

圧着後は専用のスケールを使って必ずチェックを行おう

箱罠の上面に開いたクマの抜け穴。令和5年時点では法規制はないが、できる限りクマ錯誤捕獲防止用の仕組みのある箱罠を選ぶべき

# 16

# くくり罠猟に必要な道具と用意しておきたい工具とは?

ANSWER

## 製作と修理、設置、保定と止め刺し それぞれに必要となる道具は意外に多い

くくり罠猟に必要な道具は人によって違いがあるが、罠の製作と修理、設置、そして保定と止め刺しに必要なものは何かを回答者に尋ね、最低限必要と思われるものをまとめたのが右の表だ。

くくり罠の製作と修理に関するものとしては、ワイヤーロープを切断する工具が必要になる。くくり罠に使用されるワイヤーロープは複数の針金（素線）をより合わせてストランド（小綱）にし、さらにそれらを複数本より合わせてつくられているため、針金を切るような工具では切断できない。また、ワイヤーロープは切断面が散(ばら)けやすいので、確実に切断できる専用のものを使用したい。

必要な道具に関する回答者の意見の多くは共通していたが、大きな違いがあったのが「穴を掘る」道具だった。園芸用のスコップや大型のシャベルを使うという意見が多いなか、先端が尖った部分と平らな部分からなるピッケルのようなピックマトックを使っていると答えたのが、溝曽路さんと小林さんだ。「固い地面は尖った部分で砕いて、平たい部分で掘り返すように使っています」（溝曽路さん）

また、ちょっと変わっているのが、山本さんが使っている山芋掘り用の細長いシャベルだ。「長い柄が付いている山芋掘りを地面に突き立てるようにして、土を掘り返します。くくり罠を仕掛けるために地面を掘る際、土の匂いが広がると特に大型のイノシシは警戒しやすくなりますが、山芋掘りは局所的に土を掘れるので、大型のスコップよりも違和感を与えにくいと思います」（山本さん）

同じような理由から、「先端が細くなっているスコップナイフを使っている」（藤元さん）という意見もあった。

### 木の根を切るための道具はノコギリか剪定バサミか?

くくり罠を仕掛ける場所の地中に張る根っ子を切るための道具にも、個人差が見受けられた。枝切り用のノコギリを使うと

## くくり罠猟で必要になる道具とは？

| | | |
|---|---|---|
| くくり罠の製作・修理に必要な道具 | スエージャカッター | アルミスリーブを圧着する工具。スエージャの背側はワイヤーロープを切断するカッターになっている。卓上タイプとハンディタイプがあるが、卓上タイプのほうが安定して作業ができる |
| | ハンマー | スチール製スリーブを圧着する場合などに使用。曲がったバネを矯正する用途にも |
| | バイス（万力） | バネなどを矯正する場合に挟んでおく工具 |
| | 六角棒レンチ | ワイヤーストッパーを締める・緩める工具。直径4㎜のワイヤーロープにはM4サイズがよく用いられている |
| | 目打 | 先端が細い針。ワイヤーストッパーのネジ穴に詰まった泥を除去 |
| | ビニールテープ | ワイヤーロープの先端が散けるのを防止する用途で使用 |

| | | |
|---|---|---|
| くくり罠の設置に必要な道具例 | 穴を掘る道具 | 罠を埋める道具　※本文参照 |
| | 根を切る道具 | 罠を埋める道具　※本文参照 |
| | ショックレスハンマー | ゴム製のげんのう。スコップナイフと併用して穴を掘るときなどに使用 |
| | 針金 | 罠の鑑札を止めるために使用。引きバネ式のトリガー（蹴糸）などにも利用 |

| | | |
|---|---|---|
| 保定や止め刺しに必要な道具例 | ロープ | 獲物の保定や引き出しなどに利用。直径9㎜程度のトラックロープがよく使われている |
| | 止め刺し用道具 | ナイフや電気止め刺し器、棍棒、鳶口など |
| | シノ | 先端が尖った鉄製の棒。ロープやワイヤーロープをほぐすときに使用 |
| | 携帯型ワイヤカッター | 獲物が暴れて絡まったワイヤーロープを切断する |
| | ペンチ（ラジオペンチ） | くくり罠を木などにつなぎ止めておくときに使うシャックルを、締めたり緩めたりすために使用 |
| | そり（引っ張り道具） | 獲物を乗せて運ぶそり。対イノシシ用の盾として使うこともできる |

長い柄を持つ山芋掘りは、剪定バサミがなくても根が切れるという利点がある

くくり罠設置の時短を重視する溝曽路さんは、１本で破砕、掘り返し、根切ができるピックマトックを愛用

いう意見が多かったのに対して、剪定バサミを使うという人も複数いた。

「私はラチェット式の剪定バサミを使っています。握るたびに圧力が増していく仕組みなので、刃で挟める太さであればどんな木の根でも簡単に切断することができます。ノコギリはすぐに刃こぼれや錆が出ますが、剪定バサミは押し切るように動くので、切れ味が落ちることもほとんどありません」（溝曽路さん）

どんな道具を使って掘るかは、くくり罠をかける場所の地質にもよる。たとえば、粘土質の柔らかい赤土は小型のスコップでも掘り返しやすいが、土壌に岩石や砂利が多い場所や、地中まで凍結しやすい場所では、固い地面を叩き割るような道具が必要となる。竹藪のように地面全体に根が張った場所では、頑丈な根を掘り起こすためには山芋掘りのような柄の長い道具が向いている。

また、くくり罠には埋めるための穴を掘らないタイプもあるので、こういった罠を使う場合は地面を掘るのではなく、平らにならす用途で使えるスコップナイフのような道具のほうがユーティリティは高いということになる。

# 17

# 箱罠猟に必要な道具と用意しておきたい工具とは?

ANSWER

## 修理、設置、運用、止め刺しに加え餌の入手方法も考えておく必要がある

箱罠猟に使用する道具について、回答者の意見をまとめたのが右の表だ。シカやイノシシといった大型獣を狙う箱罠を自作する人は少ないので、基本的に必要なのが箱罠を修理するための補修用工具ということになる。とはいえ、特殊な専用工具があるわけではなく、ボルトを締め直すためのモンキーレンチや、結束用の番線で組み立てられている場合はペンチやシノ（番線を結ぶための鉄製の棒）などが必要になる。

箱罠はメーカーから出荷されたままの状態で使用することもできるが、先に藤元さんが述べたように、自分で工夫や改良を加えることで捕獲率を向上させることもできる。よく行われる工夫に雨除け用のシートを檻の上面に張るというものがあるが、トリガーが上に突き出ているタイプの箱罠では使用することができないので、この場合はシートをテント状にかぶせるといった工夫が必要になる。

「大型のイノシシが箱罠に入ると、突進を繰り返すことで箱罠自体が移動してしまうことがあります。斜面を転がり落ちると罠が壊れて獲物が逃げてしまうので、箱罠を木にロープで固定するか、杭に縛り付けて固定しておく必要があります」（藤元さん）

### 道具だけでなく餌の入手先も見つけておこう

道具というわけではないが、箱罠を仕掛けるにあたって「餌の入手先」を考えておくべきだと太田さんは指摘する。

「箱罠に使う餌は米ぬかがよく使われますが、食用レベルの米ぬかは値段が高いので餌として使うにはコストが見合いません。コイン精米機などからタダで米ぬかを回収する方法が一般的ですが、いつもあるとは限らないのでいくつかコイン精米機を見つけておく必要があります」

米ぬかは10kg 100円程度で精米所でも手に入るので、身近にある入手先をあらかじめ調べておくといい。また、米ぬか以外にも大豆の油かすや酒粕なども餌になるので、これらを扱う工場などに足を運んで頼

## 箱罠猟で必要になる道具とは?

| | | |
|---|---|---|
| 箱わなの修理に必要な道具例 | ペンチ、レンチ、シノなど | 檻やトリガーの補修用。ボルトを締めなおしたり、番線を交換したりするときに使用する |
| | ワイヤーメッシュ | 檻の補修用。ワイヤーメッシュ製の箱罠の場合、大型イノシシやクマに噛み切られることもある |
| | 錆止め塗装 | 檻が鉄筋で作られている場合は定期的に塗装が必要。ペンキや亜鉛メッキ塗装剤など |

| | | |
|---|---|---|
| 箱罠の設置に必要な道具例 | 大型シャベル | 大型箱罠を置く場所を整地するシャベル |
| | 金属製げんのう | 両端が平たいハンマー。大型箱罠を固定する杭や防獣杭を打つ |
| | ペグ、ビニールバンド | 箱罠を固定しておく道具。バンドは「マイカ線」がオススメ |
| | 針金、ヒモ | トリガー用の細いヒモ。#8の針金やイカ釣り用 PE ラインなど |
| | コンパネ板 | 大型箱罠の下に敷く板。トリガーによっては設置できない場合もある |
| | 雨除けのシート類 | ビニールシートやゴムシートなど。トリガーによっては設置できない場合もある |
| | BBQ 用の網 | 大型箱罠で中型獣を捕獲する場合、檻の隙間から抜けられないように地面から 20㎝程度のところまで針金などで固定しておく |

| | | |
|---|---|---|
| 箱罠の運用に必要な道具例 | 掃除用具 | 大型箱罠の古い餌を掃除する道具。掻きだし棒など |
| | 餌袋 | 撒き餌を入れておく袋。土嚢袋や米袋など |
| | バケツ、プラスチックスコップ | 餌袋から餌を小分けするためのスコップと箱罠まで餌を運ぶ容器。プランターの土を入れ替えるときに使う幅広のものが良い |

| | | |
|---|---|---|
| 保定や止め刺しに必要な道具例 | 保定具 | 大型箱罠内の獲物を引っ張り上げて固定するスネアなど。檻の間に角棒を差して獲物の可動範囲を狭める人もいる |
| | 止め刺し用道具 | ナイフや電気止め刺し器。ナイフは槍のように加工できるフクロナガサやスパイクなどがオススメ |

箱罠は傾斜があると扉が上手く落ちない場合がある。設置する際は地面をならして罠を水平に置く必要がある

餌となる米ぬかを安定して入手するためのルートも考えておこう

んでみれば、「どうせ産廃になるだけだから」とタダで手に入ることもある。餌を使う箱罠猟では、罠を仕掛ける場所の情報だけでなく、餌を入手するための情報も想像以上重要になる。

18

# 罠猟の服装で気をつける点は？ダニ対策も必要？

ANSWER

## 罠猟でもハンターベストを着用する。素材はダニを見つけやすい化繊がいい

狩猟を行うときは〝ハンターベスト〟と呼ばれるオレンジ色か赤系統の上着を着るのが一般的。これは誤射の危険を防ぐための知恵でもあるわけだが、銃を使わない罠猟では誤射の危険性が少ないと思われているせいか、ハンターベストを着用せずに猟を行う人も少なからずいる。

「罠を仕掛けるのは道路や田畑が近い場所が多いので、銃猟を行う猟場とは離れていることが多いかもしれません。しかし、それでも安全を考えてハンターベストと猟友会の帽子を着用すべきだと思います。銃による流し猟をしているハンターの中には、『ガサガサと音がした』という理由だけで、獲物を視認せずに発砲してしまう安全思考に欠けた人もいると考えるべきでしょう。ハンターベストを着ていれば、木々の隙間からでもそこにいる人の姿が視認されやすくなるので、誤射の危険性を減らすことができます」と折茂さんは話す。

猟友会に所属すると、猟友会ベストと狩猟キャップが初年度に無料配布されるので、特に服装へのこだわりがなければ、この猟友会からの支給品を着用するのが手っ取り早い。なお、大日本猟友会の規定によると、猟友会ベストと狩猟キャップを着用せずに起こった事故に対しては、「支払われる共済保険が減額されることもある」（民間のハンター保険には服装に関する規定はない）と記されているため、罠猟時の服装を考える際のひとつの要素として覚えておいて欲しい。

### マダニが付着するのを防ぐため袖口と足首が締まる服装を

ちなみに、ハンターベストを着るかどうかについての回答者の意見は分かれていたが、全員に共通していたのが「長袖と長ズボン着用」という意見だ。

「通常の猟期は冬場なので長袖・長ズボンは当然ですが、春から秋にかけての有害鳥獣駆除の場合でも、必ず長袖と長ズボンを着用します。これはマダニやハチ、ブユといった害虫や、イラクサやタラノキ、イバ

罠猟ではアウトドア用のウェアを着ることが多いという山本さんは、止め刺し時はポリエステル製のヤッケを着用している

ハンターベストと猟友会キャップ姿の溝曽路さん。罠や道具は折り畳み式のバケツに入れて運ぶそうだ

ラなど針を持つ植物から身を守るためです。確かに真夏に長袖・長ズボンを着用するのは暑くてなかなか大変ですが、有毒害虫に刺されると最悪の場合、アナフィラキシーショックを起こす危険性もあるので、そんなことは言っていられません。安全に猟をやるに越したことはありませんから」(太田さん)

そしてもうひとつ、多くの回答者が指摘したのがダニ対策を考えた服装だ。

「罠猟ではどんなに気をつけていても、獲物からマダニが服などに乗り移ってしまい、知らぬ間に咬まれて血を吸われてしまいます。痒さや痛みはまだ耐えられますが、マダニはSFTS(重症熱性血小板減少症候群)や日本紅斑熱といった命に係わる危険性のある病原菌を媒介するので、なるべく肌を露出させないような服装が必要です」(藤元さん)

マダニを付着させないためには、袖口や足首部分をしっかりと締められる服装が望ましい。そのうえでなるべく長靴を履き、短いスニーカータイプの靴ならスパッツ(ゲーター)でくるぶし部分を覆う。上着は袖口を閉めて、できれば手首までカバーする長めの手袋を着用したい。上下が一体の「つなぎ」タイプの服もマダニ対策としては有効なので、つなぎを着る罠猟師も多い。

また、服の材質はナイロンなどの表面がツルツルした化繊のほうが、マダニの姿を発見しやすい。止め刺しや引き出しなどマダニが付着する危険性が高い作業の際、藤元さんは「虫よけスプレーを散布したナイロン製のヤッケとパンツを着用し、車に乗るときはその上下を脱いで車内にダニが入り込むリスクを極力減らしている」そうだ。

マダニは冷気や水没には強いが、熱には弱く60℃以上の熱で死滅する。止め刺しから解体まで一連の作業を終えたら、着用していた衣類はなるべく熱湯消毒を行うことが望ましい。水で洗濯しただけではマダニは死滅しないので、洗う前にウェアを熱湯に浸けて殺虫しておけば安心だ。

# 19

# 罠猟に使う車は何がいい？ やっぱり軽トラじゃないとダメ？

ANSWER

## 軽トラを使う人が最も多いが 多目的に使える軽箱バンも利用価値は大きい

車は狩猟における必須アイテムである。猟場までの移動はもちろん、獲物の引き出しや運搬という目的でも、利用価値は高い。特に罠猟では用意する道具類が多くなるので、荷物を多く積める積載量の大きい車が不可欠になってくる。

罠猟の狩猟車として、多くのハンターが使っているのが軽トラだ。「罠猟における車は軽トラが最適解」と話す山本さんは、その理由を次のように話す。

「まず荷台が広いので、長尺物や重量物を積載することができます。くくり罠猟では獲物を保定する『鼻くくり』など柄が長い道具も必要ですが、普通車で運ぶのは大変です。また、箱罠猟では軽トラなら大型の箱罠を組み立てた状態で運べるので、選択肢としては軽トラが必須といえます。実際に乗ってみてわかったのですが、四駆でマニュアルの軽トラは荒れた林道も難なく走破し、小回りも利きます。ひとりで山の中に入っていく以上、走りに信頼性のある軽トラは罠猟に欠かせない存在です」

狩猟用車両と聞くと大型のSUVを想像する人もいるが、道幅が狭い日本の林道では軽トラのアドバンテージは大きい。しかも、軽トラはキャビンと荷台が完全に分かれているので、荷台に積んだ獲物に付いていたダニが運転席に入り込む心配もない。荷台が血や泥などで汚れても、水で洗い流せるという手軽さも魅力だ。

近年は軽トラ用に開発されたカスタムパーツも増え、かつての〝軽トラ＝ダサい〟というイメージも払拭された。走破性を高めるための車高のインチアップをはじめ、獲物を引っ張り出すウィンチやクレーンを取り付ける人も多い。こうした実用的なカスタムに加え、デカールやステッカーを貼って楽しむ人も多い。

### 条件的に2台持ちが難しい人は 軽の箱バンという人も多い

とはいえ、罠猟は軽トラでなければダメというわけではない。都市部に住む人にとって、車を２台持つのは予算的にも物理

山本さんが狩猟に使用している軽トラ。獲物を直接荷台に乗せることができるのが、軽トラ最大のメリットだ

太田さんが使用する軽トラ。大型箱罠をそのまま運ぶことができる

オリモ製作販売で使用している軽トラ。悪路走破性を高めるために、すべての車両がインチアップされており、ブロックタイヤを装着。折茂さんが自分でカスタムしているそうだ

藤元さんは軽トラに加えてジムニーを使うことも多い。ルーフキャリアで積載性を高め、フロントにウィンチを装備している

小林さんの軽トラには、荷台に手巻き式クレーンを設置。獲物を荷台に引き上げるだけでなく、野外で解体するときにもクレーンを使用している

的にも難しいというケースも多い。

「私のまわりで有害鳥獣駆除を行っている人のほとんどが軽トラを使っていますが、猟期のみ罠猟を楽しむ人には軽の箱バンや軽四駆を使う人も多いですね。箱バンは後部座席を倒して荷物を載せることができるし、四駆なら悪路走破性も悪くありません。乗車定員が4人なので、多目的に使うという意味では軽トラよりもユーティリティが高い車といえます」（山本さん）

ただし、箱バンは運転席と荷室がひとつの空間

なのが弱点。獲物を運ぶ際はドラム缶用の頑丈な内袋などを使って密封し、ダニや血液などが漏れ出ないようにしてから積載するといった自己防衛も考えておくべきだ。

20

# 罠を設置した場所の記録方法や役立つアプリなどはある？

ANSWER

## スマートフォン用狩猟アプリが普及。登山用GPSを使う人もいる

罠はハンターひとりにつき、同時に30基まで仕掛けることができる。箱罠の場合はそれほど多くかける人はいないが、くくり罠の場合は数十基を運用することも多い。くくり罠は仕掛ける場所が広範囲に及ぶことが多いため、かけた場所は必ず記録しておく必要がある。たとえ故意ではなくても、放置したままの罠に猟期外に獲物がかかってしまったら、それは密猟になるので注意が必要だ。

罠猟に慣れているハンターの中には、罠をかけた場所を記憶しておくだけの人も多い。実際、今回の回答者の多くが特別な記録を付けるようなことはしていないとのことだったが、スマートフォンを使って罠の設置場所を記録しているというのが山本さんだ。

「罠の場所を記録するなら『HUNTER GO！』というアプリが便利です。これは地図アプリ上に罠の設置場所や捕獲情報などを記録できるもので、スマートフォンを持った状態でアプリを起動させると、自分がいる位置が表示されるのでそのまま場所を登録することができます」

「HUNTER GO！」は、東芝ライテックが開発している狩猟者向けのスマートフォン用無料アプリだ。GoogleマップのAPIを利用しているため、位置情報とメモを残すだけならGoogleマップ本体でも同じようなことができる。しかし、このアプリはこれらに加え、写真や登録した日付、罠の種類、天候なども記録することができる。くくり罠は地面に埋めて隠して使用することが多いため、位置情報だけだと現地で探すのにどうしても手間がかかる。そこで罠をかけている場所の写真を何枚か撮っておくことで、後から見返したときに思い出しやすくなるわけだ。獲物の出没時期は一年を通してある程度の傾向があるため、猟場情報を記録しておくことで捕獲数や捕獲頻度などのデータを蓄積できれば、捕獲率の向上にもつながるはずだ。

また、罠を複数で運用する場合は、見回りの分担などで位置情報記録の共有が必須

## 罠猟に役立つアプリや機器

| | | |
|---|---|---|
| 罠の設置場所を記録する方法例 | 鳥獣保護区等位置図 | 狩猟者登録時に配布される地図（ハンターマップ）。縮尺はかなり広いが、「どのエリアに何基かけているか」をメモしておくだけでも、猟期後の未回収を防ぐことができる |
| | Google マップ | 汎用性の高い地図アプリケーション。位置情報にメモを残しておく機能があるため、どのような罠をかけているか記録することができる。Google ID を持っている人と位置情報を簡単に共有可能 |
| | Google マイマップ | Google マップ機能を使って、自分用にカスタマイズした地図をつくることができる。スマートフォン内の写真を紐づけることもできる |
| | 狩猟者向けアプリ | Google マップ API を利用して、ハンター向けの情報を記録できるように開発されたアプリ。2023 年 1 月現在では、HUNTER GO！や狩りマップ、狩りログなど、様々な製品が出ている |
| | ハンディ GPS | 主に登山用に開発された GPS 機器。記録できる情報はスマートフォン用アプリに劣るが、携帯電話回線が入らない場所でも利用できる |
| | 登山用 GPS アプリ | スマートフォン上で動く GPS アプリ。国土地理院の地図を利用しているため、林道や登山道、等高線などが表示される |

と話すのが太田さんだ。

「私の会社ではGoogleマイマップを利用して罠をかけた場所を記録し、見回りを分担する社員と共有しています。アプリ上で作成したマップはスマートフォンで共有できるだけでなく、新たな設置や解除といった情報をリアルタイムで編集することができます」（太田さん）

### 基準となる場所をアプリ上に記録し罠をかけた場所を探し出す

最近は中山間地域でも携帯用の４G回線が入るようになったが、まだ電波が入りにくい場所では登山用GPSを利用している人もいる。また、携帯電波が入らなくても使用できるGPSアプリもあると山本さんは言う。

「ハンターの間でよく使われているのが、『ジオグラフィカ』というアプリです。このアプリは登山用に開発されており、Googleマップでは表示されない細い林道や等高線も表示されるので、罠猟だけでなく、銃猟を行う単独忍び猟師などもよく使っています」

近年のGPSは、障害物がない場所では誤差２m程度と、かなりの精度を持っている。しかし、山や森の中でGPSを使うと電波が反射する「マルチパス」が起こり、場合によっては30m近い誤差が生じることもある。そこで、罠の場所を地図アプリに記録するときは、まず基準となる巨木や標識などを記録しておき、そこから罠を仕掛けた場所まで歩いていき、場所の情報を記録する。

罠を探すときは、基準にした場所でアプリを開いて、その日の誤差がどのくらい出ているか確認する。スマートフォンのコンパス機能（磁気センサー）はGPSの電波が入らなくても機能するため、基準点から方向と相対距離を確認しながら歩いていけば、迷うことなく罠をかけたポイントに到着できるというわけだ。

# 「くくり罠」の疑問

# 21

# くくり罠のバネはどう選べばいい？初心者におすすめのタイプは？

ANSWER

## バネの長所と短所を理解して使い分ける。初心者には安全性の高い押しバネ式が向く

イノシシやシカ用のくくり罠には「バネ」がスネアを締める動力として使われているのだが、そもそもくくり罠に使われるバネと一般的な工業用のバネには違いがあると、日和佐さんは言う。

「工業用バネとくくり罠用バネの最大の違いは、使う際に野外に長期間放置されるということです。一般的にバネは製品内部に組み込まれるなど安定した環境下で使用されますが、くくり罠では土に埋められ、雨雪にさらされて使われるのが前提です。こうした厳しい条件の下で長期間放置されても、獲物がトリガーを踏んだ瞬間にその能力を一気に発揮するような使い方は、通常の工業バネではまず想定されていません」

バネは圧縮・伸長された金属が、元の形に戻ろうとする〝弾性変形〟の復元力を利用して力を発揮する。金属の材質や形状によって復元力が変わってくるため、くくり罠で使用するバネにはスネアを強く、素早く押し上げて締めるパワーが必要になる。また、金属は弾性変形できるレベル以上の力が加わると、元の形に戻らなくなる〝塑性変形〟が起こる。よって、くくり罠に使用されるバネはスネアの最大径から最小径までの長さを、弾性変形が可能な〝たわみ量〟以上にしなければならない。さらに、これ以外にもバネには繰り返し利用することで徐々に弾性変形しなくなってしまう〝ヘタり〟といった要素があり、くくり罠用に開発されたバネはこれらの基準をクリアするように設計されている。

### くくり罠のバネは３種類ありそれぞれに特徴がある

では、くくり罠に使われるバネには、どのような種類があるのだろう。

「現在、くくり罠で使われているバネを大別すると、『押しバネ』『引きバネ』『ねじりバネ』の３種類となります。どれも一般的に工業用途で用いられるバネですが、くくり罠で使用されているバネはすべて専用に設計・開発され、それぞれ特徴を持っています」（日和佐さん）

## 3種類のバネの特徴

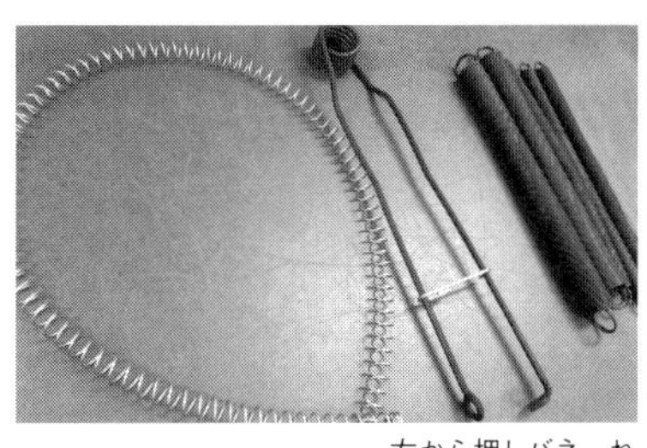
左から押しバネ、ねじりバネ、引きバネ

### 押しバネの特徴

| 長所 | 短所 |
| --- | --- |
| ●伸び上がるように動くため、スネアを引き絞る用途として使用しやすい<br>●凍結すると不発になる可能性が高い<br>●比較的値段が安い | ●自然長が長くなるので荷物がかさばる<br>●獲物に引っ張られることでヘタりやすい |

### ねじりバネの特徴

| 長所 | 短所 |
| --- | --- |
| ●パワーが強く立ち上がりが早い<br>●凍結などでの不発が少ない<br>●バネの線径が太いため、破損しにくく再利用できる<br>●単純な構造なので設置が簡単 | ●半円形に腕が開くため、接地中に顔面を打つなどのけがのリスクが高い<br>●横幅が長いので狭い土地に設置しにくい<br>●値段が高い |

### 引きバネの特徴

| 長所 | 短所 |
| --- | --- |
| ●自然長が短いためコンパクトに収納でき、持ち運べる量が多い<br>●空中に設置できるので穴を掘る必要がない | ●トリガーの設置にコツがいる<br>●立木があるポイントにしか仕掛けられない<br>●埋めて使うことができない |

「押しバネ（圧縮コイルバネ）」は金属ワイヤーを一定の隙間で挟んで円柱状に巻いたバネで、押した方向に対して〝押し返す方向〟に応力が働くため、直線的な動きをするのが特徴。工業用としてはボタンのスイッチや機械の押出部品、車のサスペンションなどに広く使われている。

「引きバネ（引張コイルバネ）」は金属ワイヤーを隙間ができないように、密着させて巻いたバネだ。押しバネとは逆に〝引っ張った方向〟に対して縮むように動くため、バネの全長を小さくできるというメリットがある。

「ねじりバネ（トーションバネ）」は金属を円形状に巻いて先端を左右に伸ばし、腕を強い力で圧縮して畳むことで〝開く〟ように動く。金属がねじれることで働く反発力（トーション）を利用する仕組みになっており、押しバネや引きバネよりも同じ重量で保存できるエネルギーが大きいという特徴がある。

どのバネを使ったくくり罠でも獲物の捕獲はできるが、それぞれに長所と短所がある。その違いを知っておく必要があるが、これは経験を積むことでしか覚えられない。そこで、初心者にとって扱いやすいバネはどれなのかを回答者に尋ねたところ、最も多く寄せられたのが「押しバネ」という意見だった。

くくり罠ではねじりバネが使われることも多いのだが、初心者には押しバネをすすめたい。ねじりバネは他のバネよりもパワーが強いため、作業中に暴発させる事故が少なくないからだ。そのダメージは想像以上に大きく、打ち身や骨折だけでなく、目に当たって失明するという事故も報告されている。押しバネも暴発させれば危険はあるが、ねじりバネのような事故はまず起きない。安全性という点からも、くくり罠に慣れていないうちは扱いやすい押しバネを使ったほうがいいだろう。

# 22

# くくり罠のワイヤーロープの違いは？素材や太さはどう選べばいい？

ANSWER

## 素線の数とストランドの数の相関関係と材質による特性の違いも考慮する

くくり罠で使うワイヤーロープは、素線という細い針金を何本もより合わせて小綱(ストランド)に加工し、さらに複数のストランドをより合わせて1本にすることで完成する。このように加工すると同じ径（たとえばφ4㎜）の針金に比べて柔軟性が増し、曲げたり輪にするといった加工ができるようになる。かつては針金や麻紐などがくくり罠のスネアとして使われてきたが、柔軟で加工しやすく切れにくいという特徴を持つワイヤーロープの登場で、近年の大物用くくり罠には欠かせない材料となっている。

ワイヤーロープには様々な種類があるため、まずはその表記方法を覚えておきたい。ワイヤロープは素線とストランドで構成されているため、その表記は「直径（φ○㎜）」と「ストランド数×素線数」で表される。たとえば、1本のストランドが16本の素線でつくられていて、そのストランドが6本より合わさった直径4㎜のワイヤーロープは、「φ4㎜ 6×16」と表記される。

同一径におけるストランド数と素線数の関係は、ストランドが増えるほど強度は増すが柔軟性は落ちる。また、素線数が多くなるほど素線の太さは小さくなるため柔軟性が増すが、素線が細くなると摩擦で切れやすくなる。逆に素線が太くなると素線数は少なくなるため、柔軟性は落ちるが摩擦には強くなるといった相関関係がある。

### 剛性のあるステンレス製のほうが切れにくいと考えられる!?

素線の素材が何かというのも、ワイヤーロープを知るうえで重要な要素になる。素線の材質は柔軟性の高いアルミ製から、1㎜の太さでバイク1台を持ち上げることができるタングステン製まで様々だが、くくり罠に用いられるのが亜鉛メッキ加工された鋼（スチール）か、ステンレスだ。それぞれどんな特性を持っているのか、日和佐さんに教えてもらおう。

「くくり罠のワイヤーロープで主流となっているのが、亜鉛メッキ鋼製です。これは鋼に亜鉛メッキと呼ばれる防腐処理が施されたもので、錆に強いため長期間野外に放置するくくり罠には最適です。ステンレスは鋼にクロムなどを含有した合金で、日用品などにも広く使われています。亜鉛メッキ鋼製に比べて引張強度（力を加えていったときに破断するまでの力）が弱く、値段も３倍ほどしますが、耐腐食性が高いので亜鉛メッキ鋼よりも長期間使うことができます。また、柔軟性にも優れていることから、スネアが締まる速度が速くなるといった特徴もあります」

ステンレス製は亜鉛メッキ性に比べると、破断するまでの力が弱くて値段も高いというのなら、明らかに亜鉛メッキ鋼製のほうが有利と思えるが、日和佐さんは「くくり罠に使うワイヤーロープは引張強度が強いほど〝切れにくい〟というわけではない」と話す。

「くくり罠にかかった獲物はワイヤーを引っ張るだけでなく、助走をつけて強い衝撃を加えたり、転げ回ったりと複雑な動きをします。くくり罠のワイヤーロープが切れるときは、まずワイヤーの途中にキンク（ねじれ）が生じ、そこに何度も衝撃が加わるなどの負荷が集中することで、金属疲労によって〝ねじり切れる〟ケースが多いのです。確かに亜鉛メッキ鋼製は引張強度が高いですが､実際に使用すると柔軟で粘り（剛性）の強いステンレス製のほうが切れにくいと考えることができます」（日和佐さん）

工業試験的に行われたワイヤーロープの破断の様子を観察すると、すべての応力が集中するスリーブの位置で引きちぎられている。しかし、実際にくくり罠で切断されたワイヤーロープを調べてみると、すべてストランドと素線がバラけた状態で、ねじり切られたような破断面となっている。工業規格ではくくり罠のような用途は想定されていないため、ワイヤーロープをねじったり、衝撃を加えるといった試験が行われることもない。工業試験的な結果は、あくまでも目安にすぎないということを認識しておこう。

## ワイヤーロープの構造

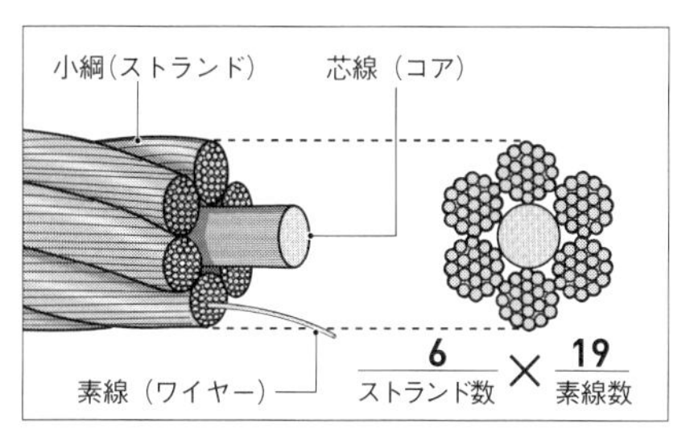


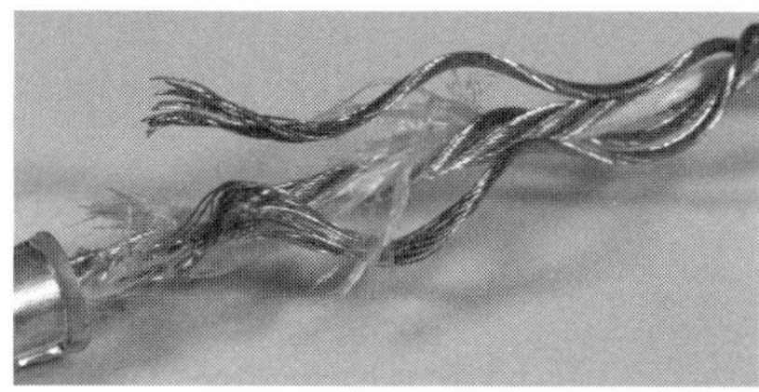
工業試験的に破断したワイヤーロープ。最も応力がかかる圧着部分から破断し、断面は一方向にそろって「引きちぎられた」ような形状になる

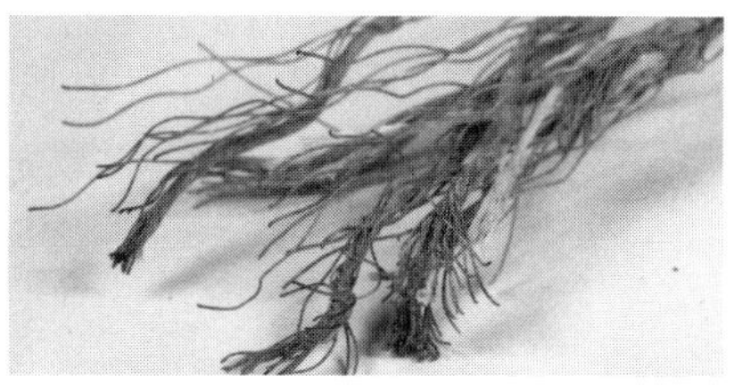
くくりわなで実際に切断されたワイヤーロープ。ストランドと素線がバラバラになっていることから、キンクができた部分に何度も衝撃が加わって素線が一本ずつ金属摩擦によって切れたと推測できる

23

# ワイヤーロープの艶消しとにおい消しって必要なの？

ANSWER

## 水に浸けたり野外に放置する人もいるが罠の強度低下には注意が必要

くくり罠に用いられるワイヤーロープに、「艶消し」や「におい消し」といった処理を施す人もいる。これはワイヤーロープの製造時に付着した機械油のにおいを抑え、亜鉛メッキやステンレスの光沢を消すためのもので、なるべく獲物に〝違和感〟を感じさせないというのが目的だ。しかし、艶消しやにおい消しをするかどうかについては、罠猟師の間でも意見が分かれているのが実情であり、罠メーカーの回答者からは否定的な意見が寄せられた。

「特にベテラン猟師さんの中には、ワイヤーロープを柿渋や泥水に長時間浸けて、艶消しやにおい消しをされる方がいらっしゃいます。しかし、メーカーとしてはあまり推奨できないというのが正直な意見です。工業用のワイヤーロープは錆の発生を防ぐために、ストランドの芯線に機械油を染み込ませた麻糸などが用いられていますが、くくり罠用のワイヤーロープにはポリエステルなどの化繊が使われており、余分な油が含まれていません。もちろん、くくり罠用のワイヤーロープも製造中に油を使うので、製品にも油は含まれていますが、これは品質を保つのに必要な油なので、これを抜くと腐食が発生する原因になります」（日和佐さん）

「それぞれのやり方があるので否定はしませんが、〝やりすぎ〟には注意が必要です。表面の艶消しくらいであれば問題ないと思いますが、ワイヤーロープの内部まで水や塗料が入り込むと、本来持っている強度が発揮されない可能性があります。目に見えない部分に錆が発生している可能性もあるので、やはり注意が必要です」（折茂さん）

一方、艶消しやにおい消しについて肯定的な回答もあった。

「トレイルカメラで観察していると、イノシシが罠の手前でピタリと止まり、根付したワイヤーロープを掘り返して罠を破壊する姿をしばしば見かけます。もちろん、罠はしっかりと隠しているので見えていないはずなので、嗅覚で違和感を見つけているのだと思います。私は最初にワイヤーロー

プを川や池に数日間沈めておき、なるべく人工的なにおいがしないように工夫しています」（太田さん）
「基本的には何もしていませんが、大型のイノシシを狙う場合は、しばらく野外に放置したワイヤーロープを使うようにしています。年齢を重ねたイノシシは警戒心が強いため、わずかな違和感にも敏感に反応します。農地を繰り返して荒らしているような老獪なイノシシを捕獲するときは、こちら側も様々な工夫をする必要があると感じます」（小林さん）

肯定的な回答に共通していたのが、何もしないよりは「少しでも工夫したほうが捕獲率は上がる」という考え方だ。くくり罠猟は、銃猟のように射撃の技術だけで獲物を仕留める猟ではない。最終的に獲物がその罠を踏むかどうかには、獲物の個性や精神状態といった面が強く影響するため、結局のところ確率でしか判断できない部分もある。それならば獲物が感じる違和感を、１％でも減らす工夫をすべきだという考え方なのである。

## 金属の光沢や人工物臭をイノシシは危険と判断するのか

肯定派、否定派、それぞれの意見をどのように考えるのかは、実際に罠猟を行うハンターの問題ということになるが、前述したようにワイヤーロープの破損は獲物に逃げられるだけでなく、獲物の反撃を受ける原因にもなりかねない。罠メーカーがワイヤーロープの腐蝕による強度低下を危惧する背景には、こうした現実があるということも忘れてはいけない。

「うちの罠を使っていただいているベテラン猟師さんの中には、まったく新品のワイヤーロープをそのまま使って、毎年のようにイノシシを何十頭も捕獲している人がいます。その人の話では、ワイヤーロープの光沢や油などの人工物臭を、イノシシは必ずしも危険なものと判断しているわけではないといいます。つまり、里山に頻繁に出没していれば、人工物のにおいや金属の光沢には慣れているはずですから、これらすべてをイノシシが〝危険物〟と判断していると考えるのは、無理があるように思えます。この猟師さんは引きバネ式のくくり罠を使っているのですが、ワイヤーロープを踏まれて不発が起きないようにするため、あえてワイヤーロープを隠さずに地面に露出させたまま使っているそうです」（日和佐さん）

野生動物が違和感を感じる基準は、生息する場所や人間との距離の近さ、そして個性によって大きく異なると考えられる。艶消しやにおい消しの必要性についても、自分の猟場や狩猟スタイルに合わせて、金属の強度低下といったリスクも勘案しながら判断していく必要があるといえそうだ。

日和佐さんの話に登場したベテラン猟師の引きバネ式くくり罠。スネアを踏まれると不発になるため、あえて〝踏まれない〟ようにワイヤロープを剝き出しにしている

24

# 二重パイプ式や跳ね上げ式など踏み板式トリガーの違いと選び方は?

ANSWER

## 獲物が踏むことで起動するトリガー 長所と短所を理解して使い分けよう

くくり罠のトリガーで最も一般的に使われているのが、「踏み板式」と呼ばれるタイプだ。これはトリガーの板にスネアをはめて置き、獲物が板を踏んでスネアがずれるとバネが発動して足を締め付けるという仕組み。「トリガーの位置＝スネアの位置」なので、トリガーを踏んだ時点で獲物の足がスネアの中に入っており、捕獲率が高いという長所がある。

踏み板式トリガーには、踏み落とし式、二重パイプ式、跳ね上げ式、踏み上げクロス式、ジャンプ式、割板式、噛み合い式など様々なタイプがあり、それぞれ長所と短所がある。回答者の中で人気が高かったのが、跳ね上げ式のトリガーだ。

「跳ね上げ式の長所は、獲物の脚の高いところにかけられることです。スネアが蹄や足先にかかってしまうと、暴れたときにスッポ抜ける危険性がありますが、跳ね上げ式は足先が触れただけでも脚の高い位置にスネアを持っていくので、安全性も高いと思います」（小林さん）

「跳ね上げ式は扱いやすいので重宝していますが、感度がよすぎるので小動物が通っただけでも作動することがあります。間違って猟犬がかかると大問題になるので、跳ね上げ式を使う場合は必ずトリガーの荷重を調整する必要があります。ただ、荷重の調整にはコツがいるので、初心者には難しい面もあります」（溝曽路さん）

踏み落とし式や二重パイプ式は、古くから人気のあるトリガーだが、蹄の先にかかりやすいのが難点だ。

「二重パイプ式などのトリガーも、バネのほうを工夫すれば獲物の脚の高い位置にかけることができます。たとえば、ねじりバネは縦向きに埋めることで『く』の字に飛び上がるので、比較的獲物の脚の高い位置をくくることができます。また、押しバネの場合は、塩ビ管に押しバネを封入し斜め上向きに設置したり、押しバネの中に芯棒を入れることで、立ち上げるように飛び出させることができます」（日和佐さん）

踏み落とし式や二重パイプ式は、内筒の

## 踏み落とし式、二重パイプ式

- **特徴**
  地面に埋めた外筒の中にスネアを巻きつけて内筒をはめ込む。獲物が内筒の板を踏むとスネアが外れて獲物の脚をくくる
- **長所**
  深く埋めるタイプは長期間安定して設置することができる。凍結や雨が降って地面が泥化するなどの環境変化に強い
- **短所**
  穴を深く掘る必要があるため、小石や砂利、根が多い場所では設置しにくい。バネの設置方法によっては、獲物の蹄にかかりやすい

## 踏み上げ式、跳ね上げ式

- **特徴**
  踏み板の左右に扇型に動くアームが付いており、踏み板が踏まれるとスネアとの噛み合いが外れて締まり始める。アームは締まるスネアに引っ張られるように高く上がり、結果的に獲物の脚の高い位置までスネアを上げることができる
- **長所**
  踏み落とし式、二重パイプ式よりも獲物の足の高い位置にスネアがかかりやすい。感度が高く小さな重みで発動する。穴を掘る量が少なくて済む
- **短所**
  感度が高いので中小獣や猟犬が踏むと誤作動を起こしやすい
  踏み板の中心を踏まれないと、腕が真っすぐに立ち上がらない
  凍結や地面の泥化などで不発する可能性が比較的高い

## ジャンプ式

- **特徴**
  バネが内蔵された枠を折った状態で地面に置き、スネアを引っかけて踏み板をかみ合わせるようにセットする。踏み板が踏まれて枠との噛み合いが外れ、枠がクロス状に跳ね上がりながら獲物の脚にスネアをくくりつける
- **長所**
  獲物の脚の高いところをくくることができる。穴をほとんど掘らなくてもいい。比較的安価
- **短所**
  枠を置いた地面が水平でないと不発になることが多い。踏み板を失くすことがある

ガイドとなる外筒を深く埋めなければならないため、掘った土のにおいで獲物に警戒されるという意見もあった。しかし、深く埋めるタイプのトリガーは長期間姿勢が安定するため、通年で有害駆除を行う場合には効果が高い。また、日和佐さんの話によると、近年は浅く埋めるタイプも販売されているそうだ。

ジャンプ式は比較的新しいタイプのトリガーで、トリガー自体がバネの力で高く飛び上がるため、地面をほとんど掘らなくてもいいというメリットがある。しかし、駆動部が多いことやバネのヘタりなどの問題から、長期間設置し続けていると不発になることも多い。このようにトリガーにはそれぞれ一長一短あるので、いろいろと試して自分の罠猟のスタイルに合うものを見つけていきたい。

25

# スネアとリードはどうつくる？加工の際のコツがあれば知りたい

ANSWER

## 法規制とスリーブの圧着に気をつけてリードはなるべく短くつくるのが理想的

ワイヤーロープを切断、圧着してスネアに加工するわけだが、つくり方の前にくくり罠の構造を頭に入れておこう。前述したように、シカとイノシシ用くくり罠には獲物が暴れてワイヤーロープがねじれ、キンクができるのを防止するために、「よりもどし」を付ける必要がある。ワイヤーロープが切れる原因はキンクによるものが多いので、法規制のない小中型獣用のくくり罠にも必ず付けるようにしたい。

もうひとつ必須となる「締め付け防止金具」とはスネアの一部に装着する部品で、バネの力が獲物の脚にかかり続けるのを防止するストッパーの役目を果たす。バネの力が加わり続けると足を切断する危険性が高くなり、獲物に不要な苦痛を与えかねない。人道的な観点からもすべてのくくり罠で装着が義務化されている。

くくり罠はよりもどしを間に挟んで、前方のスネア部と後方のリード部に分かれ、リードは「根付」と呼ばれることも多い。締め付け防止金具とよりもどしの装着さえ守れば、くくり罠は自由に設計することができるので、まずはスネア部分のつくり方について、小林さんのやり方を聞いた。

「巻きのワイヤーロープの先端にバネ、くくり金具、締め付け防止金具の順で入れます。くくり金具の穴にワイヤーロープの先端を通したら、スリーブを差して圧着します。このときスリーブが鉄製の場合はハンマーで叩いて圧着し、アルミ製の場合は専用のスエージャを使って圧着します。次にワイヤーロープを切断しますが、ねじりバネの場合は先にスネアを設置する大きさ（直径12㎝）になるようにしてからカットします。押しバネの場合は、自然長から20㎝ぐらい余裕を持ってカットします。最後に切断面からバネを固定するワイヤーストッパーとスリーブを入れ、よりもどしとスリーブに先端を通してから圧着します」

スネアの製作では、くくり金具の先端をスリーブで圧着するのに少しコツが要ると小林さんは話す。

「スリーブの先端は一旦曲げて再びスリー

## くくり罠の基本的な仕組み

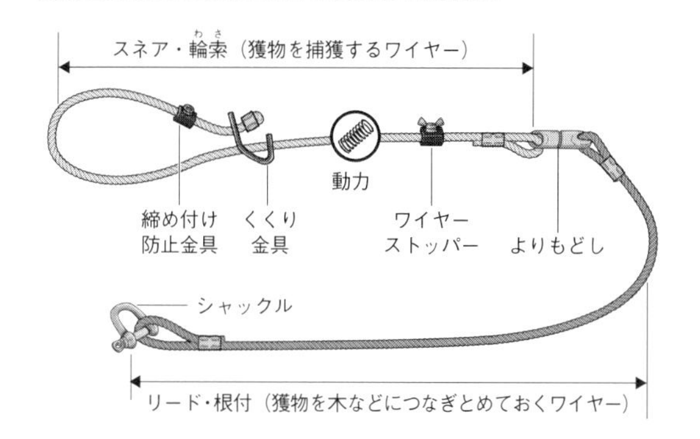

スネア部分。くくり金具の先端を折り返してスリーブで固定している

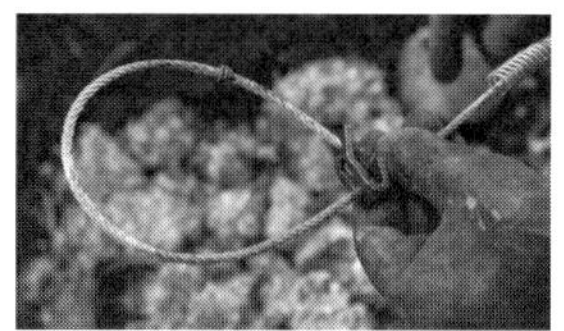
鉄製スリーブを使う場合はコンパクトにできる

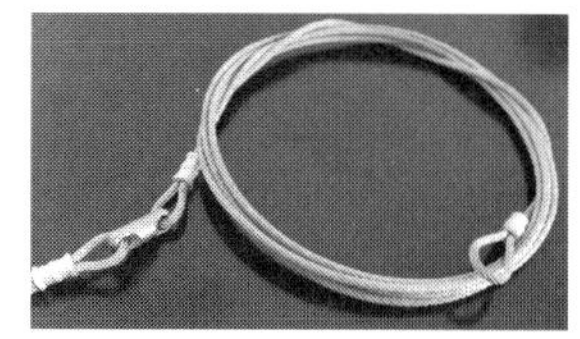
リードはよりもどしで圧着し、先端をアイに加工する

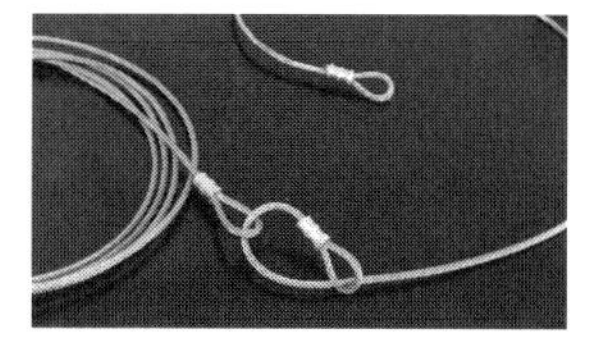
予備のリードをつくっておき、猟場で必要に応じて延長して使う人も多い

ブに通して圧着しますが、このとき折り返し部分が膨らんでしまうと、スネアが締まるときに無駄な摩擦が増えます。また、スリーブの先端が飛び出していると、剣山のようになったワイヤロープの切断面で指を突いてしまうので要注意です。スリーブを圧着するコツは、先端をスリーブに通して再びスリーブに差し込んだあと、スエージャにスリーブを挟みます。スエージャのハンドルを少し押して圧力をかけ、ゆっくりとワイヤーロープを引っ張ってコブを小さくしていきます」

### スリーブの加工が難しければハンマーで叩く鉄製を使うのも手

くくり金具の先端加工は、アルミの場合はＷスリーブのハーフが用いられる。先端を折り返して再度スリーブを通す作業は慣れないと難しいかもしれないが、先端で指を突かないように注意しながらゆっくりと作業して欲しい。なお、鉄製スリーブの場合はハンマーで叩くだけなので、慣れない人はこれを使うのも手だ。

リード側のワイヤーは、ワイヤーロープの先端をよりもどしに通して圧着し、反対側はシャックルを止めるためにアイをつくっておく。ワイヤーを何ｍにするかは人によって異なるが、回答者の意見としては１～２ｍが多かった。

「リードが長いとそれだけ獲物が動ける範囲が広くなり、止め刺しの際に突進してくるときの助走距離も長くなります。なるべく短くするに越したことはありません」(溝曽路さん)

26

# トリガーの作動荷重はどう調整する？トリガーは軽いより重いほうがいい？

ANSWER

## 踏み板に爪楊枝を差して荷重調整する。作動荷重が軽いと空ハジキが増える

くくり罠の踏み板式トリガーには、トリガーが起動するのに必要な負荷を「作動荷重」と呼ぶ。トリガーは「軽ければ軽いほど反応が速い」と考えがちだが、作動荷重が軽いと罠が作動したにも関わらず、獲物がかからない、いわゆる〝空ハジキ〟と呼ばれるトラブルが多くなってしまう。

「私は通勤前に罠の見回りをするので、罠を再設置する手間がかかる空ハジキは大きな問題です。さらに最悪なのが、狙っていない中小型獣や猟犬などを錯誤捕獲してしまった場合です。獲物を止め刺しするよりも目的としない獣を無傷のまま解放する作業のほうが、手間がかかって危険も増します。くくり罠の作動荷重はイノシシやシカが踏んだときにしか作動しないように、重めに調整しています」（溝曽路さん）

踏み板式の作動荷重の調整方法は、罠のタイプによって異なるが、最も一般的なのが踏み板の下に、爪楊枝などの小さな枝状のものを差して調整する方法だ。

「通常の作動荷重は15～20kgの設定ですが、猟期中は猟犬の錯誤捕獲を避けるために＋5kgになるように調整しています。爪楊枝を踏み板の下に差して荷重調整をする場合、だいたい1本あたり5kg程度の荷重に耐えられるので、4本ほど刺すようにしています」（溝曽路さん）

ただし、土中に長期間埋めたままの爪楊枝は水分を吸って柔らかくなるため、作動荷重も軽くなってしまう。爪楊枝を使って荷重調整する場合は、定期的に差し直す必要があると溝曽路さんは言う。

### 罠の適正な作動荷重を知っておき状況に応じて調整する

なお、メーカー品の踏み板式トリガーには、作動荷重を調整する機構が装着されているタイプもある。たとえばオリモ製作販売の「OM-30型（弁当箱）」の場合、側面にネジが付いており、ここを締めることで作動荷重を重くすることができる。調整機能が付いていないタイプでは、マスキングテープなどを貼って作動荷重を重くする工

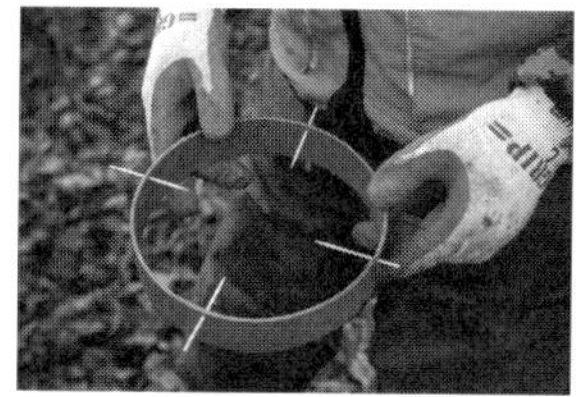

爪楊枝を使った荷重調整方法。４本で約20kgの荷重に耐えることができる

オリモ製作販売製のOM-30の場合、側面についたネジを締めることで荷重調整できる

溝曽路さんが行っている台はかりを利用した作動荷重のチェック方法。アナログなのでわかりやすい

メーカーではより正確に測るために、プローブインジケーターが利用されている

跳ね上げ式など浅く埋めるタイプは、土をかぶせて埋める前に下敷きや木の板などを敷いておく

夫をする人もいるという。

作動荷重を測る方法としては、プローブインジケーターがよく用いられる。これは踏板に針（プローブ）を押し当てて力を加えていくと、その荷重がゲージに表示される仕組みだ。また、溝曽路さんは仮組したくくり罠を台はかりの上に載せ、踏み板に力を加えながら作動する際の荷重を見て判断しているそうだ。

空ハジキを防ぐためにも「荷重調整は重めにしたほうがいい」という意見が多いなか、小林さんは軽めのトリガーを使うこともあると話す。

「通常のくくり罠は10kg程度に設定していますが、誘引捕獲で使用するトリガーは触れただけで起動するように、軽めに設定しています。というのも、誘引捕獲では獣道上に罠を設置しないので錯誤捕獲を起こす危険性が少なく、しかも小林式誘引捕獲では罠の周囲に石を並べるため、誘引されていない動物が罠を踏む心配がほとんどないのです」

作動荷重はトリガーの調整だけでなく、使用しているバネの強さや踏み板とガイド（外筒）の間に発生する摩擦力によって変わってくるため、必ず自分が使っている罠の作動荷重が何kgくらいなのかを把握しておく必要がある。そのうえで罠を仕掛けている場所や、その猟場で猟犬を使った狩猟が行われているかどうか、そして誘引捕獲など猟法の違いも考慮して、最適な荷重に調整していけばいい。

なお、跳ね上げ式やジャンプ式など深く埋めないタイプのトリガーの場合、罠の下に下敷きなどを敷いておこう。これは土が柔らかいと踏まれたときに罠自体が沈み込んでしまい、調整した作動荷重で発動しなくなるのを防ぐためだ。

27

# 空ハジキや浅がかりを防ぐにはスネアが締まる速さを高速化する？

ANSWER

## スネアをシンプルなパーツ構成にして速度低下と作動不良を防ぐ

イノシシやシカなどの蹄を持つ獣は、地面の変化に対して敏感に反応する。実際にトレイルカメラで観察すると、くくり罠の上に足を置いた瞬間、足先をくの字に曲げて引くような行動が見られる。どのような要素が〝違和感〟として足先に伝わっているのかはわからないが、地面を掘り返した部分が微妙に柔らかくなっているとか、トリガーの沈み込みによる〝遊び〟に反応している可能性が高いと考えられる。

四足歩行動物は二足歩行の人間に比べて、体重移動がしやすいため、人間ではとても登れないような斜面でもスイスイと登っていくことができる。これは４本の脚によって微妙な重心の移動が可能だからであり、「罠を踏んだ瞬間に脚を引く」という素早い反応も、私たちが思う以上に簡単にやってのけるのだ。

このように獲物に足を引かれてしまうと、空ハジキや浅がかりの原因になるため、どうにかして防ぐ必要がある。そのひとつの案として考えられるのが、トリガーの作動荷重を高めることだ。獲物の体重がしっかりと踏み板に乗った段階で、トリガーが一気に落ちるような仕組みであれば、いくら反応のいい動物といえども簡単に足を引くことはできない。また、スネアが締まる速度を上げることも有効だ。スネアの速度を上げるには、亜鉛メッキ鋼よりも柔軟性のあるステンレス製のワイヤーロープを使う、太さ４㎜の細いワイヤーを使う、強力なバネを使用するといった方法が考えられるが、溝曽路さんはスネアの設計を工夫することで高速化を図っているという。

「スネアの締まる速度を上げるには、余計なパーツを付けないようにすることです。たとえばスネアにつける締め付け防止金具には、蝶ネジやボルトで止めるタイプがありますが、罠が作動する際にこうしたパーツ類と地面との間に摩擦が生じるので、締まる速度が低下します。私は突起がほとんどないイモネジを使っています。また、押しバネ式の場合はくくり金具やバネガイド（バネを真っすぐに立ち上げるための管）

を使用しません。これらのパーツを装着するメリットはありますが、私はバネ側やトリガー側で対応するようにしています」

## 12cm規制が解除されていても踏み板を大きくするのは逆効果

スネアが締まる速度を上げるために、スネアのパーツをシンプルな構成にするという意見は、他の回答者からも出された。様々なパーツを使うくくり罠は机上では正常に作動しても、いざ猟場で使ってみると、凍結や泥化、浸透した泥が乾燥して固まるといったトラブルが原因で、うまく起動しなくなることも少なくない。こうしたトラブルの可能性を少しでも減らすために、あえて罠をシンプルに構成するという考え方はぜひ参考にしたい。

また、スネアの高速化について小林さんは次のように指摘する。

「スネアのサイズ12cm規制が解除されている地域では、15cmや19cmという踏み板を使う人も多くいます。サイズが大きくなるほど踏む確率も高くなりますが、スネアが締まり切るまでの時間は径が大きくなるほど長くなるので、足を引いて抜けられる可能性も高まります。踏み板を大きくするよりも、小さくても踏ませる技術を磨いたほうがいいでしょう」

一方、スネアが締まる速度を速くする必要はないという意見もある。

「私は主にジャンプ式のトリガーを使っていますが、このトリガーは獲物が踏み板を踏むとスネアを高く放り上げるため、スネアが締まる速度が遅くても不都合はありません」（藤元さん）

溝曽路さんの押しバネ式くくりわなのスネア部。くくり金具を使わずに、摩擦が小さいＯリングバネ（鎌田スプリング製）を使用。締め付け防止金具はイモネジで止めるタイプ

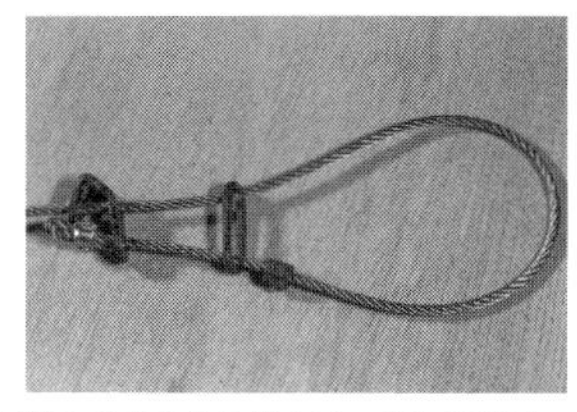

締め付け防止金具を使う場合は、先に楕円リングをかませている。こうすることでスネアのループ部分が平行になり、バネに押されたときの摩擦が少なくなる

踏み板式（二重パイプ式）の場合、内筒にビニール袋やサランラップをかぶせて、その上からスネアを締めつける。スネアが滑り上がる際の摩擦が小さくなるので、締まり始めまでの時間を短くできる

シングルスリーブをスネアに通して「コロ」代わりにし、滑りを速くするという工夫もアリ

トリガーの種類によっては、スネアの締まる速度は必ずしも高速である必要はない。しかし、その場合でも空ハジキや浅がかりを防ぐために、バネやトリガー、あるいは罠を仕掛ける場所などを工夫する必要はあるということだ。

28

# 足切れを防ぐためのポイントは?締め付け防止金具をつける位置は?

ANSWER

## 金具を止める位置の調整に加え前足で罠を踏ませるための工夫も必要

くくり罠猟で最も危険なトラブルとなるのが〝足切れ〟だ。これはくくり罠にかかった獲物が暴れることで、足先が切れてしまう現象である。止め刺し時に獲物は逃げようとして猛烈な突進を繰り返すため、このときに足が切れるとそのままハンターに突進してくる危険性が高まる。たとえハンターに危害が及ばなくても、足を失った獲物の末路を考えれば、アニマルウェルフェアの観点からも足切れは〝最悪〟の事態といえる。

足切れを防ぐ対策としては、法律にも定められている締め付け防止金具(ワイヤーストッパー)の装着があるが、単純に〝付けている〟だけでは意味がない。足切れを起こさないためには、〝どの位置〟に金具を付けておくかという点も大切なポイントになる。

「目安はスネアを親指の付け根にかけて締めていき、ギリギリ抜けない程度の大きさの位置で締めます。初心者の中には『獲物を取り逃すまい!』と締め付け防止金具を狭く調整する人もいますが、足切れを起こして取り逃してしまっては元も子もありません。締め付け防止金具の位置を調整するよりも、スネアをなるべく脚の高い位置でくくるようにするなど、バネやトリガー、仕掛け方に工夫をすべきでしょう」(日和佐さん)

ボルトやイモネジなどで止める締め付け防止金具は、獲物が何度も突進を繰り返すことで少しずつ緩んでいくこともあるので、必ず工具を使ってしっかりと締める。ボルト式やイモネジ式のストッパーを使う場合は、専用の六角レンチで確実に締め込む必要がある。なお、イモネジはボルトよりもネジ穴が小さいため、かけられるトルクはボルトよりも小さくなる。イモネジのほうがボルトよりも突起が小さいため、スネアが締まる速度は向上するが、この点を考慮に入れて設計を考えて欲しい。

また、どんなに強くネジを締め込んだとしても、大型イノシシの場合は強烈な突進を繰り返して締め付け防止金具を緩ませて

大型イノシシが何度も突進を繰り返したため、締め付け防止金具の位置が大きくズレてしまった

大物がかかって変形したくくり金具。これは不具合ではなく、獲物の足にフィットさせるためだ

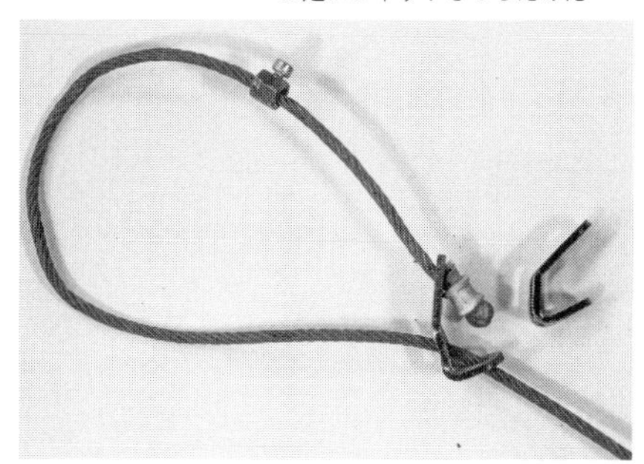

しまうことがある。この対策について日和佐さんは、次のようなアイデアがあるという。
「よりもどし部分にショックアブソーバーを付けるという方法もあります。ショックアブソーバーは固い引きバネなので、イノシシが突進したときの衝撃を緩やかにしてくれます」

## くくり金具でも足切れするので押しバネ式には使わない選択も

スネアによる足切れは締め付け防止金具だけでなく、くくり金具によっても起こることがあると山本さんは指摘する。
「くくり金具の角で獲物の足の皮が切れ、さらに衝撃が加わることでそこから足が切れるというトラブルが起こります。くくり金具は締まったスネアが開かないようにするのが目的ですが、押しバネ式の場合は荷重をかけ続けるため緩む心配はほとんどありません。押しバネ式では、くくり金具を使わないようにしています」

くくり金具の中には、あえて曲がるように設計されたタイプもある。これは獲物がスネアを強く引っ張ったときに、くくり金具が伸びるように曲がり、獲物の足にフィットするような構造に変化する。これによってスネアの緩みを防止するだけでなく、金具の端で獲物の足を傷つけることも防げる。この「曲がるくくり金具」は不具合ではないので、その設計意図を理解しておきたい。

足切れを防止する対策は他にもある。
「必ず前脚を狙って捕獲することが大切です。前脚をくくられると突進時に獲物は転倒するので、スネアにかかる衝撃は後脚にかけたときよりも小さくて済みます。獣道にくくり罠を仕掛ける場合は、罠の手前に枝を置くなどして歩幅を調整して、なるべく前脚で踏むように誘導する工夫も必要です」（小林さん）

小林さんが考案した小林式誘引捕獲では、高い確率で獲物の前脚をくくるように工夫されている。この仕組みについては後述するが、足切れ防止には「前脚を狙う」ことが重要だと覚えておこう。

# 29

# シカとイノシシで罠の構造は変える？特定の獲物を狙うポイントは？

ANSWER

## イノシシを狙うなら押しバネを使う。蹴糸の高さを変えられる引きバネ式も有効

大物用のくくり罠はイノシシとシカどちらにも対応しているため、基本的には同じ構造の罠で捕獲できる。しかし、シカばかりかかるのでイノシシを狙いたいという場合や、有害鳥獣駆除のためシカだけを選別して捕獲したいという事情もあるだろう。そんなときは罠を仕掛ける場所を変えることで、ある程度は獲物を選別できる。たとえば、太田さんが罠をかけている佐賀県嬉野市や、藤元さんが罠をかける山口県周防大島町にはシカがほとんど生息していないので、罠にかかるのはイノシシだけだ。また、誘引捕獲する際の餌にイノシシが食べないヘイキューブ（乾草）などを使えば、シカだけを狙うことも可能だ。

では、くくり罠の設計や調整などで、イノシシとシカをかけ分けることはできるのか？　回答者の意見も大半は「かけ分けは難しい」というものだったが、溝曽路さんの場合は次のように話す。

「イノシシはシカに比べて体高が低いので、ねじりバネを使うと跳ね上がったバネの上腕がイノシシの腹を打って、空ハジキする可能性があります。イノシシを捕獲したい場合は、押しバネを使うことで捕獲率を高めるようにしています」

また、小林さんもイノシシとシカの生態的な違いを考えて、次のようなかけ分けを行うことがあると話す。

「シカとイノシシでは足をつく左右の幅が異なり、シカのほうが狭いといった特徴があります。獣道に罠をかける際、シカ狙いの場合は獣道の中央に設置するようにし、イノシシを狙いたい場合は獣道のやや外側に設置することがあります。もちろん、これで完璧にかけ分けることはできませんが、ある程度の効果はあると考えています」

### スネアとトリガーの位置の設定を引きバネ式なら変えられる

3種類あるくくり罠のバネの中で、使う人が最も少ないと考えられるのが「引きバネ式」であり、今回の回答者にも使っているという人はほとんどいなかった。しかし、

## 引きバネ式くくり罠の構造

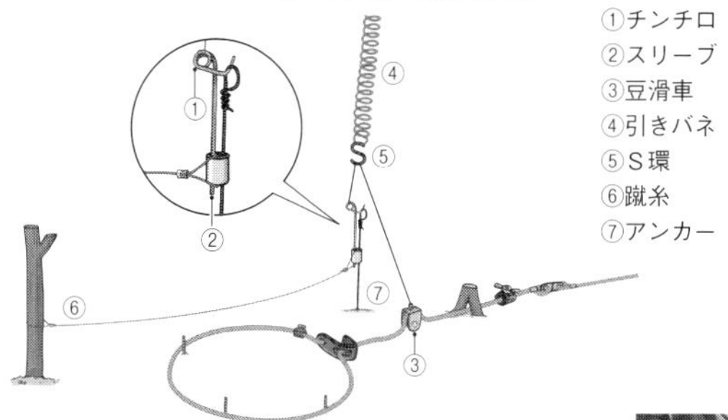


獲物が蹴糸に引っかかるとスリーブがズレてチンチロとの噛み合いが外れる。チンチロは引きバネの力で半回転してアンカーから外れ、引きバネが縮むように動く。引きバネとスネアは豆滑車で連結されており、引きバネが引かれると同時にスネアが上に締められる。獲物が暴れるとバネと豆滑車を連結しているS環が外れる（獲物を吊り上げる罠は禁止猟法とされているため、その対策）

実際に仕掛けた状態の引きバネ式くくり罠

構造が複雑で挫折する人も多い引きバネ式だが、獲物をコンスタントに捕り続けるベテラン猟師には引きバネ式を好む人も多い。ぜひチャレンジしてみたい

引きバネを使うとイノシシとシカをかけ分けることができるというのは、あまり知られていない。

引きバネ式では蹴糸などをトリガーに利用するため、スネアの位置とトリガーの位置を分けることができる。この特徴を活かして、蹴糸を高い位置に仕掛けたり、スネアよりも手前に仕掛けるといった工夫も可能だ。たとえば、蹴糸を地面から1.5mほどの高さに仕掛ければ、角が引っかかるオスジカのみを選別することができる。また、蹴糸をスネアよりも後方に仕掛けると、イノシシの鼻がトリガーに触れてから脚をくくることができるため、イノシシだけを選別できる確率が高くなる。ベテラン猟師の中には、大型イノシシの〝たてがみ〟の高さに蹴糸を張ることで、子イノシシをかけないように工夫している人もいる。

ただし、引きバネの設置には技術的な慣れが必要なうえ、獲物を選別するとなると「イノシシの鼻がAの位置にあれば、足はBの位置にある」といった知識と見極めが必要になってくる。こうした知見についてベテラン猟師に教えを請うても、「感覚で覚えるしかない」と煙に巻かれるのが関の山。高難易度の引きバネ式くくり罠ではあるが、実際にチャレンジした人に話を聞くと、「引きバネが罠の中でダントツにおもしろい」という意見も多い。罠猟の効率よりも〝楽しさ〟を重視するというハンターは、奥深い引きバネを極めてみるというのも、なかなか興味深い試みかもしれない。

30

# ワイヤー、スネア、リードの交換頻度と交換の目安は?

ANSWER

## キンクができたら交換するのが基本。内部の消耗は見た目だけではわからない

くくり罠で獲物を捕獲すると、少なからずその罠には消耗や故障が発生する。「まだ使えそう」と思うかもしれないが、そのまま使い続けることの危険性はこれまで再三述べたとおりだ。メーカーからトリガーを除く一式を再購入するか、メーカーに修理を依頼するのが最も安全ではあるが、消耗や故障している部品だけを自分で交換する方法を覚えるのが、コスト面からも現実的だといえるだろう。

まずはくくり罠を構成する主要なパーツであるワイヤーロープの消耗と破損は、どのような基準で判断できるのか? 大型のイノシシやオスジカがかかってワイヤーロープがグチャグチャになっていれば、交換が必要なことは一目瞭然だが、かかったのが小ジカや小イノシシだと、〝無傷〟に見えることも多い。事実、ワイヤーロープを交換する目安については、回答者の意見が分かれる結果となった。

「数回使い回す」と答えた太田さんの意見を紹介しよう。

「スネアを絞ったり広げたりしてみて、スムーズに動くようであればそのまま使っています。また、少しキンクができている場合でも、ペンチなどで戻してみて形がしっかりと戻るようであれば流用しています。リードのワイヤーロープには、よりもどしの作用で大きなキンクができることがほとんどないので、切れかかっていたりバラけていたりしない限り使い回しています。もちろん、キンクは必ずペンチで直すようにはしています」

キンクができたら手直しするという太田さんに対して、かなりシビアに見ているのが折茂さんだ。

「スネアは少しでもキンクができたら交換します。くくり罠は一度でも獲物がかかると、多少なりともスネアにキンクが発生するので、スネアのワイヤーロープは1回限りと考えたほうがいいでしょう。リードは大きなキンクや破断があれば交換しますが、基本的には消耗が少ないので使い回すこともあります」

ワイヤーロープにわずかに発生したキンク。たとえわずかな傷みでも、内部では金属疲労が進んでクラック（顕微鏡レベルの小さな傷）が発生している可能性がある

キンクがひとつでもできたら交換するという意見は、回答者から最も多く出された意見だが、溝曽路さんは「たとえ小ジカでも一度獲物を捕獲したら、リードも含めてすべて交換する」と話す。

「もったいないと言われることも多いですが、くくり罠のワイヤーロープは猟師にとっての〝命綱〟のようなもの。わずかな出費で安全性を少しでも上げることができるのなら、保険だと思って投資しておくべきだと思います」

## 内部の金属疲労を疑うだけでなく安物のワイヤーロープにも要注意

ワイヤロープの難しい点は、見た目で消耗具合がわからないことだ。一見新品のように見えるワイヤロープでも、内部では金属疲労が進行して危険な状態になっている可能性もある。ワイヤーロープの交換に関する意見の違いは、「生命保険をいくらかけるか」という話に似ているかもしれない。手厚くかける人もいれば、まったくかけない人もいるし、極論を言えば「どうしても不安ならそもそも罠猟をやるべきではない」と元も子もない話になってくる。結論としては、リスクに対する考え方と予算をもとに、折り合いをつけるほかない。

今回の回答者の意見ではないが、「安いワイヤーロープを購入して都度交換する」という人も多い。しかし、安物のワイヤーロープには意外な落とし穴があると日和佐さんは指摘する。

「安物のワイヤロープは、素線の品質が低い場合が多いのが実情です。品質が低い素線は厚さにムラがあり、ストランドにねじ込むときに強く締め込むことができません。そのため高品質なワイヤロープよりもキンクができやすく、破断するリスクが高くなるといえます。ワイヤーロープは工業規格の検査基準をクリアすれば、すべて同じ名称で販売できますが、ワイヤーロープの検査基準にはねじったり、衝撃を加えたりといった項目はありません。くくり罠用途では低品質であっても、『検査基準をクリアしている』と宣伝して販売することができます。もちろん、企業努力によって安価にできている部分もあるかと思いますが、相場より明らかに安い製品をくくり罠に使う場合は、品質を疑ってみる必要があると思います」

# 31

# くくり罠を設置するときにまずチェックするポイントは？

ANSWER

## そこが罠をかけてもいい場所か獲物がいるかどうかを歩いて観察する

いよいよ待ちに待った猟期到来。猟場の選定や猟具・道具類の準備も終えて、あとは実際にくくり罠を仕掛けるだけ。しかし、くくり罠猟初心者の多くが悩むはずだ。「はて、わずか12cmのくくり罠をいったい広大な猟場のどこにかければいいのか？」と。このように山の中で呆然と立ち尽くしてしまわないためにも、くくり罠を設置する〝とっかかり〟となるポイントを知っておく必要がある。

「まずは、その猟場に獲物がいるかどうかを把握するのが大前提です。釣りも同じですが、どんなに高価な釣り具やエサを使ったとしても、そこに魚がいなければ釣れるはずがありません。罠猟も同じで獲物がいない場所に罠をかけても獲物は獲れません」（溝曽路さん）

イノシシやシカは山中のある程度決まった範囲内を、一年を通して巡回するように動いている。これは季節によって餌となる植物などが生えている場所が変わり、生活に適した場所も変わるためと考えられる。たとえば、イノシシは春先にはタケノコが生える竹藪、夏場は風通しがいい沢沿い、秋にはドングリや栗、柿などがなる木の近く、冬は日当たりのいい山の斜面という具合に場所を変えていく。もちろん、これには地域性なども影響するが、まずは獲物がその季節にどのような場所を好んで活動しているのかを知っておく必要がある。

「とっかかりを見つけるには、里山との境界線にある畑の周りを歩いてみてください。人間が育てている作物は自然界に生えている植物よりはるかに高栄養なので、野生動物にとって嬉しいご馳走です。畑の周りをよく観察すると、イノシシやシカの食痕や糞、足跡といった痕跡が見つかるはずです。こうした痕跡を起点にして獲物の動きを推理しながら、くくり罠をかけるポイントを探っていくのが常套手段といえます。育てられている農作物は地域によって異なりますが、どんな作物に食害が出ているかという傾向を調べれば、何を食べにやってくるか予測できるはずです」（溝曽路さん）

農地の周りを通る道路に出る前、シカやイノシシは一旦立ち止まるので、道路との境界線をよく観察してみると痕跡を発見できることが多い

どんなに防除をしても動物は作物を狙って侵入してくる。フェンスの下に掘られた穴や電気柵の極端なたるみなども、獲物の存在を知る重要な手がかりになると話す溝曽路さん

## 見回りや引き出しルートについてあらかじめ下調べしておく

獲物がいるかどうかの〝とっかかり〟を調べるのも重要だが、その前にその場所が罠を仕掛けてもいい場所なのかどうかを、確かめておく必要があると話すのは太田さんだ。

「鳥獣保護区や道路上など法律で規制されている場所だけでなく、慣習としてくくり罠をかけてはいけないポイントがあります。たとえば、一見すると人の手が入っていない耕作放棄地に見えても、年に何度か草刈りのために人が入ることがあります。これに気づかずに罠をかけてしまい、知らずに近づいた人が罠にかかった獲物の反撃を受けた場合、賠償責任を負うのは罠をかけたハンターです。罠をかける場所を探すときは、その土地の事情に詳しい人などに話を聞き、状況を確認する必要があります」

また、山本さんは次のように回答する。

「山の中を歩いていると、ここは罠猟に適していると思えるポイントを見つけることがまれにあります。しかし、こんなときは、見回りと回収が可能かどうかということをよく考える必要があります。罠猟は罠の設置だけでなく、毎日の見回りと止め刺しした獲物を回収するまでがセットですから、見回りに時間がかかったり、獲物を引き出すルートが確保できなければ、どんなに好条件だとしても罠をかけるべきではありません」

くくり罠を設置する場所を見つけるには、あらかじめ確認しておくべき要素がいくつかあることがわかったと思う。罠は猟期にならなければかけられないが、猟場についての情報収集は猟期前からでもできるので、少しずつ下調べを始めておきたい。

32

# くくり罠をかける場所はどうやって決めればいい？

ANSWER

## 動物が移動に使う獣道上が基本。坂を上りきった場所が狙い目

山の中を縦横無尽に動き回っているように思える野生動物だが、実際にはよく通るルートはほぼ決まっており、それが獣道となるわけだ。人間同様、動物もなるべく効率よく歩けるルートを選ぶため、獣道はその周辺で最も移動しやすいルートで、目的地に向けて最短経路で延びていることが多い。くくり罠はこのような獣道上に設置するのが基本だが、獣道の〝どこ〟に仕掛ければいいのだろう。

「シカを狙う場合は、坂を上りきったポイントに仕掛けることが多いです。シカは坂を上ると、一旦立ち止まって周囲を警戒する習性があります。このとき平坦な場所を歩くよりも歩幅が狭くなるため、坂を上りきった場所にかけると罠を踏む確率が高くなります。逆に坂の途中や下りきった場所に罠をかけても、そのままジャンプしてまたがれてしまう可能性が高い気がします」(溝曽路さん)

複数の回答者から「坂道を上った先」に罠をかけるという意見が返ってきたが、山本さんからはこのときの注意点についての指摘があった。

「私も坂の上り終わりの場所にかけることが多いですが、そのすぐ先がまた急な傾斜や崖になっているような場所だと、罠に足をくくられた獲物が転げ落ちて、宙吊りになってしまうこともあります。獲物がかかったときのことを想定して、根付の位置やリードの長さなどを考えておかなければなりません」

イノシシの場合は滅多にないがシカはそのまま死んでしまうこともある。食用にできないのはもちろん、やはり斃死(へいし)した獲物の姿を見るのは心が痛むもの。たとえ奪う命だったとしても、自分の手で仕留めるのがハンターの務めといえよう。

### 枝や倒木を使って獲物が通るルートを限定する

意外に思うかもしれないが、くくり罠を平坦な場所にかける人は意外と少ない。というのも、平坦な場所は移動のための通り

傾斜のある場所は獲物が足をつく位置が予想しやすいが、シカの場合はそのまま転げ落ちて宙吊りにならないように注意が必要

斜面の途中に罠をかける場合は、地面を掘って水平になるようにならしてから設置する

罠をかけた場所へと倒木でガイドをつくって誘導する方法も効果的だ

罠をかけた場所以外を獲物が通らないように、枝を差して通行止めにする

道ではなく、餌を探す〝目的地〟だったりするので、獲物の動きが非常に読みにくいからだ。しかし、たとえばジャンプ式のように穴をほとんど掘らないタイプのトリガーを使う場合は、坂道に設置するとトリガーが傾いてうまく起動しないことも多いので、あえて平坦地に仕掛けるという選択肢もあるという。

「そういう場合は、罠をかけているルート以外の平らな場所に小枝などを突き立てて、人為的に〝通行止め〟状態にしてしまいます。また、平坦な場所に入る手前の道に倒木などを置いて〝ガイド〟代わりにし、獲物の進路を誘導する工夫もしています」(溝曽路さん)

ベテラン猟師の中には「ウジ（獣道）に触れるな」と考える人も多いが、溝曽路さんは逆に「あえて土木工事を積極的に行う」という考え方だと話す。

「道が変わると警戒心を抱かれるのでは？と疑問に思うかもしれませんが、台風や豪雨によって土地の状況や植生が大きく変わってしまうことは少なくないので、獲物たちが違和感を覚えるのをそれほど心配する必要はないと思います」

これについては賛否両論あるかもしれないが、サラリーマンとの副業猟師ながら年間100頭以上を仕留めているという実績は、説得力がある。あとはあなたがどう判断するかにかかっている。

33

# 獣道に残された足跡の新旧を判別するコツを教えて

ANSWER

## 足跡からは獲物の種類だけでなく通った時間や習慣性も読み取れる

くくり罠を仕掛ける獣道を見つけるには、動物が残していった痕跡（フィールドサイン）を探すのが基本だ。ただし、たとえ獣道を見つけても、そこをいつ獲物が通るかはわからない以上、わずか3カ月の猟期内に30基という数的制限のある罠を使って獲物を捕獲するには、獲物の通行頻度が高い獣道に罠をかけて捕獲率を上げなければならない。

その通行頻度を見極めるためのヒントになるのが、動物のフィールドサインだ。特にくくり罠は獲物の〝足〟を狙ってかける罠なので、動物の足跡を見極められるようになることは、罠猟師にとって必須スキルといえる。回答者たちは足跡からどのような情報を得ているのか、まずは山本さんの回答を紹介しよう。

「イノシシとシカはどちらも蹄を持つ動物なので、パッと見では足跡の違いがわかりにくいのですが、イノシシは蹄がやや丸くなっており、シカは直線的になっています。蹄の後ろにある蹴爪は、シカの場合は高い位置にあるため、地面がぬかるんでいなければ付くことはほとんどありません。もし固い地面に蹴爪の跡が付いていたら、高い確率でイノシシと判別できます。新しく付いた足跡は表面が乾燥していないのでテカテカしています。湿気が少ない地質で新旧がよくわからないときは、自分で足跡をつけてみてそれがどう変化していくか、観察してみるといいでしょう」

### 足跡が新しいかどうかを見極める方法はいくつかある

動物の歩き方は、イノシシやシカなど蹄で歩く蹄行性（ていこうせい）、タヌキやキツネなど指先で歩く指行性（しこうせい）、人間で言う手のひらやかかとまで地面につけて歩く蹠行性（しょこうせい）の3つに分類される。初心者はこの3つの違いを理解しておけば、どのような獣がその道を歩いたのかある程度推測できる。なお、顔が似ているということでしばしば混同されるタヌキとアナグマだが、タヌキは指行性、アナグマは蹠行性なので、足跡を見れば一目瞭然である。

足跡の新旧の見極めは、次のような方法でも判別できると溝曽路さんは言う。

「足跡周辺の踏まれた草を見て、折れた部分がまだ新鮮かどうか、草に付いた泥が乾いているかどうかでも判断できます。どうしてもわからない場合は、トレイルカメラを仕掛けるという手あります。トレイルカメラに映った獲物と、地面に残された足跡を見比べて〝答え合わせ〟すれば、いろいろな発見があるはずです」

足跡を観察する際は、その新旧だけでなく〝習慣性〟にも着目すべきだと指摘するのが折茂さんだ。

「シカなら足跡の蹄の向きを見れば、どの方向に歩いているのかがわかります。もし双方向に向いた足跡が付いていれば、その獣道は餌場や寝屋などへの移動で習慣的に使われていることがわかります。猟期中のオスジカなどは単純にブラブラしていることもあるので、たとえ真新しい足跡があっても同じ獣道を必ずまた通るとは限りません。ハンターや猟犬に追われて、逃げたときにたまたま付いた足跡という可能性もあるので、習慣性に着目することは意外に大事なのです」

このように足跡から読み取れる獲物の情報は想像以上に多いので、くくり罠を設置するときだけでなく、毎日の見回りのときにも足跡をチェックするようにしたい。そして、罠を仕掛けた途端、なぜかピタリと通らなくなったと感じたら、手前に迂回ルートができた可能性もあるので、倒木を使って誘導したり、罠をかける場所を変えるといった作戦変更も考えてみるべきだ。

## 歩き方の違いによる動物の足跡

### 蹄行性動物

爪が進化した蹄を持ち、歩行や走行能力が発達。国内に生息する蹄行性動物は、イノシシ、シカ、カモシカ、キョンなど

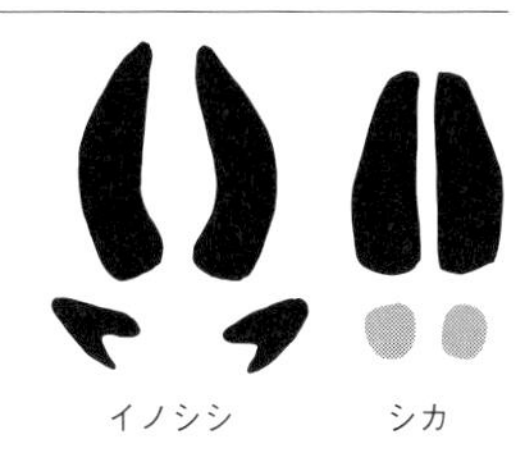


### 指行性動物

手のひらやかかとを地面から浮かせて、足音を消して指先だけで歩く。足跡には4本の指の跡が残るのが特徴

### 蹠行性動物

足跡に5本の指が残る。体重を足全体で支えるため歩行の安定性が高く、物をつかんだり、木に登ったり、穴を掘ったりもできる

足跡の近くにあった草の泥がまだ乾いていないため、足跡は新しいということがわかる

# 34

# トリガーを埋める穴を掘るコツと掘った土の処理の仕方は?

ANSWER

## 穴を掘る範囲は最小限に抑える。穴を掘らないトリガーを使うのも一案

獲物が通る可能性が高い獣道を見つけたら、あとは穴を掘ってくくり罠を設置するだけだ。穴はスコップやピックマトックなどで掘り、邪魔な木の根は剪定用のノコギリやハサミで除去する。罠を埋める深さはトリガーによって変わるが、基本的には踏み板の上面が地面と同じ高さになるようにする。斜面にかける場合は、土を盛るか削るかして平らな面をつくり、木の枝などを差してトリガーが傾かないように調整する工夫も必要だ。

土の掘り方は「適当で大丈夫」という意見もあるが、こだわりを持っている人も多い。特に獲物がイノシシの場合、掘り返した場所を違和感として敏感に察知されることも多いので、穴を掘る範囲は最小限に抑えておいたほうがいい。イノシシが何に対して違和感を覚えるのかは定かではないが、掘り返したばかりの土の匂いや、掘り返されて柔らかくなった土の触感に反応するという意見もある。ちなみに、シカはイノシシよりも頭の位置が高いため、それほど土の匂いに気を使う必要はないという意見も多い。

しかし、シカもイノシシ同様に蹄は敏感だ。トレイルカメラで観察していると、罠の手前で踵(きびす)を返す姿が映ることもあるので、やはり掘り返す範囲は最小限にとどめておくのが無難そうだ。

### スコップとハンマーを使って外筒の内側だけを掘り返す

くくり罠の穴を最小限に抑えるための掘り方について、日和佐さんは次のように教えてくれた。

「二重パイプ式なら外筒を地面に強く押し当て、その内側をスコップで掘り進めていきます。このように掘れば外筒を埋めた周囲の土の固さは変わらないため、獲物に与える違和感も小さくなります」

この方法では、まず地面に押し当てた外筒をゴム製のショックレスハンマーで叩いて、少し埋め込む。次に外筒の内側にガーデニングなどに使う短めのスコップナイフ

二重パイプ式の場合は外筒の
内側にスコップを押し当てる

外筒内部の土を掘り返して外筒が
ピッタリと収まる深さまで穴を掘る

土が固い場合は外筒
をハンマーでなど叩
いて、地面に埋め込
ませていくというの
も有効

を当てがい、ショックレスハンマーでその柄を上から叩いて地面に埋め込んでいく。最後にその埋め込みに沿って土を外筒の深さまで掘り返していけば、外筒のサイズにピタリと合った深い穴を短時間で掘ることができる。

こうして掘った土をどう処分するかは、意見が分かれた。「掘った土はバケツに入れて遠くに捨てにいく」という意見や、「まったく気にしないでそのへんに積んでおく」といった意見もあった。獲物が感じる違和感をどこまで気にするのかは、かかる手間と得られる結果を踏まえて狩猟者自身で判断する以外にない。

近年は古くからある踏み込み式や二重パイプ式よりも、跳ね上げ式やジャンプ式など穴を掘らないトリガーを使う人が増えているので、「穴を掘る」ことで生じるリスクを回避したいという人は、最初から「穴を掘らない」という選択もあるということも覚えておこう。

なお、穴を掘らないタイプのトリガーには、長期間埋めておくと作動が不安定になるというデメリットがあるので、この問題についてはトリガーの下に下敷きや板などを敷くことや、定期的に架け替えるといった工夫でリスクに対処しているという回答もあった。

# 35

# 泥や小石が多い場所にうまく罠を設置する方法は？

ANSWER

## 強力なバネを使うという手もあるがトリガーが不発に終わるリスクも高まる

くくり罠をかけるのは獣道上だけとは限らない。イノシシやシカが〝泥浴び〟するヌタ場や沢沿いなど、水の多い場所にかけることもある。こういった場所は獲物が出没する可能性が高い好立地ではあるが、地面が泥でぬかるんでいたり、小石や砂利が多かったりすることも多い。こうなると穴を掘ることが難しいだけでなく、泥や小石が〝異物〟としてトリガーやバネに入り込んで、獲物が踏んでも不発に終わる可能性も高くなる。

では、こうした場所にくくり罠を設置するうまい方法はないのか？

「そのような場所にどうしても仕掛けたい場合は、作動の安定感が高い二重パイプ式のトリガーと、強力なねじりバネを使うようにしています。また、私は使ったことがありませんが、引きバネであれば埋める必要がないので、問題を回避することができます。しかし、ヌタ場や水飲み場など生活跡がある場所は、くくり罠ではなく、箱罠に最適な立地だと個人的には考えています」（山本さん）

押しバネも使用する小林さんの、次のような意見も参考になるだろう。

「一般的な山土なら、押しバネはむき出しタイプでも特に問題ありませんが、泥場などで押しバネを使う場合は、塩ビ管に押しバネを詰めておく工夫が必要です」

### 動きが読めない目的地ではなくそこに至る獣道上に罠をかける

一方、水のある場所には確かに獲物が集まってくるが、くくり罠を獲物が目指すヌタ場などの〝目的地〟にかけてしまうと、そこでの獲物の動きが読みづらく、トリガーを設置する場所やバネを仕掛ける向きなどが決めにくいといった問題が起こる。そこで、このような場所にくくり罠をかけるのではなく、周辺で適した場所を探すという意見もあった。

「私は水辺や餌場など生活跡には罠を仕掛けません。このような場所を見つけたら、まずそこにアクセスするための獣道を探し、

イノシシやシカが体に付いた寄生虫を取り除くためなどに泥を浴びるヌタ場。獲物が頻出するポイントだが、泥場ではトリガーの不発などトラブルが多くなる

ヌタを打ったイノシシは、体の泥を擦りつけながら獣道を歩く。よって、ヌタ場内に罠を設置するよりも、こうした痕跡がある獣道に罠を設置をしたほうが効果的だ

日が当たる山の斜面でシカが休憩するのに適したポイントだが、小石や根が多くてくくり罠が設置しづらい。誘引捕獲であれば設置しやすいポイントを選んで、休憩にやってきた獲物を捕獲することが可能だ

さらにくくり罠を設置しやすい地質の場所を探します」（溝曽路さん）

特にイノシシの場合、餌場などに入ると鼻を低くして地面の匂いを嗅ぐ〝探索モード〟に入る場合が多いため、くくり罠の存在を見抜かれてしまうリスクが高くなってしまう。

また、餌場やヌタ場がアクセスする獣道よりも低い位置にある場合、くくり罠を獣道の下り口に仕掛けることも多い。これは、イノシシやシカは坂の上から周囲の安全を確認してから下りてくるため、下り終える〝最後の一歩〟では油断しやすいためと考えられている。

ただし、このような場所に罠を仕掛けると、獲物の後ろ脚をくくってしまうことも多いので、坂の途中から獲物の足並みを予想して、なるべく前脚をかけるように罠の位置を調整する必要がある

どのように工夫してもくくり罠を設置しにくい場所だが、どうしてもそこに罠をかけたいという場合は、前述した誘引捕獲がおすすめだと小林さんは言う。

「餌を使うことで獲物の動きをある程度コントロールできるため、誘引捕獲なら自分が仕掛けやすい場所に罠を設置できます。餌場やヌタ場などは獲物の動きが読みづらい場所ですが、誘引捕獲であれば罠の場所までおびき寄せることができるので効果的です」

# 餌を使って捕獲する誘引捕獲で本当に獲物が獲れるの?

ANSWER

## 誘引捕獲には様々な手法があるが小林式のように〝戦略〟を持つことが大切

餌を使って獲物をおびき寄せて罠で捕獲する誘引捕獲は、くくり罠猟中級者であれば一度は経験したことがあるはずだ。誘引捕獲は必ずしも獣道上に罠を仕掛ける必要がないため、平坦で穴が掘りやすい地質の場所を選んでくくり罠を設置できる。根付する木をあらかじめ決めておけばリードワイヤーの長さを最短にでき、さらに餌を変えることで獲物を選別できるというメリットがある。

しかし、誘引捕獲は初心者が想像するほど簡単な猟法ではない。くくり罠の周りに餌を撒いてはみたものの、なぜか餌だけきれいになくなってしまうため、トレイルカメラで観察したところ、映っていたのは器用にくくり罠を回避していく姿。「ごちそうさま」と言わんばかりに、シカがカメラを一瞥して森の中に去っていく。その姿を見て誘引捕獲に挫折したという人は少なくない。

「くくり罠+誘引捕獲」という組み合わせが難しい大きな理由は、獲物が餌の存在を警戒するためである。獲物は突然山の中に現れた餌を見つけ、強い警戒心を抱く。そのため、ちょっとした違和感も敏感に察知するようになり、罠の存在を看破してしまう。3章の箱罠のところで詳しく解説するように、くくり罠は「見えていない罠」であるはずなのに対して、誘引捕獲は「見えている罠」である。このように猟法が矛盾しているため、なかなかうまくいかないのである。

本来は相性が悪い猟法と考えられるくくり罠と誘引捕獲だが、まったく別のアプローチでこの2つを合体させることに成功したのが「小林式誘引捕獲」だ。

「小林式誘引捕獲では、くくり罠を中心にして円形に小石を並べ、さらにその周りに餌をドーナッツ状に撒きます。この説明をすると、必ず『そんなことをすると獲物に罠の場所が〝まるわかり〟じゃないか!』とツッコミが入りますが、誘引捕獲する時点で罠の位置は見抜かれているため、そこは問題ではありません。この猟法の主眼は、餌を食べて警戒が緩んできたときの『足の動きを狙う』点にあります。トレイルカメラで観察してみるとよくわかりますが、誘引された獲物は初めのうちは罠を警戒して、首を伸ばして餌を食べます。しかし、餌を食べ進めるうちに警戒心が緩んでいき、足取りが軽くなって罠を踏んでしまいます。小林式誘引捕獲では餌をドーナツ状に撒くことで、餌と罠の位置が獲物の頭と前足の距離になっています。罠の周囲に小石を配置するのは、蹄を持つ獣が石の上に脚を付くのを嫌がる習性を逆手にとり、罠を踏ませる確率を上げるための工夫なのです」(小林さん)

## 箱罠のメソッドをくくり罠に応用した小林式誘引捕獲

獲物の警戒心が緩んだところを捕獲するという考え方は、箱罠猟で最も重要になる考え方だ。つまり、小林式誘引捕獲はくくり罠に箱罠のメソッドを応用した猟法でもあるのだ。その高い捕獲率から全国的に注目が集まり、各地で小林さんによる講習会も開かれている小林式誘引捕獲だが、決して「万能」というわけではないと小林さんは話す。

「他の餌が豊富にある時期や、餌への嗜好性に地域性がある場合、やはり捕獲率は落ちます。また、警戒心が強い個体を捕獲するにはそれなりの餌付け期間が必要になるため、餌を用意して餌を撒き、見回る手間がかかります」

誘引捕獲は、餌が腐ることによる異臭の問題や景観問題、害虫問題、遠くから害獣を呼び寄せてしまうといった環境的なデメリットも考えられる。そのため、餌を使う場合は小林式誘引捕獲のような〝戦略〟を持ち、無暗に餌を撒き散らすようなことは慎むようにしよう。

①小石を用意する。ひとつの大きさは手のひらに乗るくらいのサイズがいい

②くくり罠のトリガーを設置。反応感度が高い跳ね上げ式などがおすすめ

③踏み板は地面と同じ高さにそろえる。トリガー周りは広めに穴を掘っておく

④塩ビ管の周囲に隙間をつくらないようにピッタリと密着させて小石を置く

⑤バネの上には小石を置かず、石が地面から指2本分ほど出るように罠を埋め戻す

⑥中心に罠、周りに小石、その周りに餌が同心円状に広がる。獲物の頭と足の位置を想像して、餌を撒く範囲を調整する

餌に集中し始めた獲物の警戒が緩み、足が頭の横にきたのをトレイルカメラで見た小林さんが、「この足を狙って罠を配置すれば効果的では？」と考えて小林式誘引捕獲が生まれたという

# 37

# 根付するポイントは？どんな木に結べばいい？

ANSWER

## 見た目だけでなく内部の強度も確認すべき。木の〝しなり〟で衝撃を吸収することも

リードをくくりつけて固定する「根付」は、くくり罠猟において最重要ポイントといえる。たとえば、根付の位置とくくり罠をかけた位置が遠すぎるとリードが長くなるため、ワイヤー切れや獲物がグルグル巻きになるトラブルが発生しやすくなる。また、根付した木が弱くて折れてしまったり、シャックルが緩んでリードが外れてしまうと、くくり罠ごと獲物に逃げられることもある。脚に長いワイヤーを付けた獲物がどのような運命をたどるのかは、想像しがたくないはずだ。

根付を行うポイントについて、溝曽路さんは次のように回答する。

「根付する木を選ぶ際には、必ず木を強く押したり揺らしたり、ときには蹴って異変がないことを確認してください。見た目は問題ないように見えても、木の内部が腐っていたり大きな亀裂が入っていることも少なくありません。罠にかかった獲物は逃げようとして繰り返し激しく暴れるため、想像以上に大きな衝撃が加わることで、木が折れてしまうことも現実に起こっています」

特にイノシシが罠にかかると、ワイヤーが届く範囲すべてをまるで耕運機のように掘り返してしまうので、根付となる木がしっかりと根を張っていること、その地盤が軟弱でないことを、あらかじめ確認しておくべきだ。

「根付するリードのワイヤーは、何重にも編み込むようなイメージで巻いています。木にワイヤーを引っかけてシャックルで止めるだけだと、シャックルにすべての力がかかってしまい、ゲートが緩んだり、曲がったりする危険性があります。ワイヤーを編み込んでおけば直接シャックルに力がかかりません」（溝曽路さん）

ベテランの狩猟者の中には、シャックルを使わずに特殊な結び方で結束をする人もいる。しかし、獲物が衝撃を加え続けると縛ったワイヤーに緩みが生じるため、初心者にはおすすめできない。必ずある程度の強度がある大きめのシャックルを使うように心がけよう。

根付はしっかりと編み込むようにする。ワイヤーの先端を輪の内側に上・下・上……と順番に通して締め付けていく

よりもどしのアイにシャックルを連結する方法もある。この方法だとリードのワイヤーは最短に調整できる

押しバネ式の場合は、根付した状態でバネを引っ張るため、根付した木の強度や柔軟性を同時に確かめることができる

## ワイヤーへの衝撃を吸収する雑木を根付に選ぶという手もある

溝曽路さんとはやや異なる視点で根付場所を選んでいるのが、山本さんだ。

「私は腕の太さほどの雑木に根付するようにしています。スギやヒノキなどの頑丈な木は折れる心配はありませんが、頑丈すぎて〝しなり〟がほとんどないため、獲物が引っ張った衝撃がすべてワイヤーに伝わって破断する危険性が高まります。その衝撃を吸収できるように、根付は頑丈である程度のしなりがある木を選ぶようにしています。スギやヒノキは林業の人にとって〝商品〟なので、罠で傷つけると問題になる可能性もあります」

同様の意見は他にもあった。日和佐さんは次のように話す。

「根付の位置を、頑丈な木の地面から1ｍほどの高さにするといいと思います。少し高い位置に根付することで、木の弾力を利用して獲物によるワイヤーへの衝撃を吸収することができます」

根付できそうな木が見つからない場合は、太い枝に根付をしてリードをぶら下げるようにしたり、地面を掘って木の根に設置することもある。また、地面にねじ込んで設置するアンカーや、倒木などを利用するという人もいる。ただし、このような方法はあくまでもイレギュラーな方法であり、一般にはおすすめできるやり方ではない。くくり罠の設置に慣れるまでは、確実に根付できる木を選んで罠を設置するのが基本と心得よう。

# 罠はどのように隠す？リードワイヤーも隠すべき？

ANSWER

## 暴発・不発を防ぐために土を浅くかぶせる。ワイヤーをあえて見せるという方法も

「見えていない罠」であるくくり罠は、設置後にトリガーを隠して、獲物に与える違和感を最小限に抑える工夫が必要になる。どのように隠すか、どこまで隠すかについては、罠をかける場所の地質や狙う獲物の種類などによっても変わってくるため、回答者の意見にも少なからず違いがあった。

「トリガーの踏み板やバネはしっかりと隠す必要はありますが、土をサラサラと薄めに撒いて隠す程度にとどめています。小石や小枝、スギの葉のような固い枯れ葉などを踏み板の上に乗せると、スネアが締まるときに巻き込んでしまい、完全に締まり切らないトラブルの原因になります。もしこうした異物ごと足をくくれたとしても、スッポ抜けてしまう危険があります」（小林さん）

確かにトリガーやバネの上に土や枯れ葉などを多く盛ってしまうと、獲物が踏んだときに不発を起こす可能性が高まる。また、水分を吸った土をかぶせると、その重みでトリガーが自然に落ちて暴発を起こす可能性も高くなる。このあたりは罠をどこまで隠すかによるわけだが、山本さんの意見も参考になりそうだ。

「二重パイプ式や踏み落とし式といったトリガーを使うときは、土をしっかりとかぶせるようにしています。このとき、土の重みでトリガーが落ちてしまわないように、スネアを締める位置はギリギリではなく、少し〝あそび〟を設けるのがコツです。跳ね上げ式やジャンプ式のように、トリガーの部品が上がるようなタイプを使うときは、土を盛ると抵抗になってしまうので、土や枯れ葉をよく揉んでからパラパラとかぶせる程度にしています。なお、これらのトリガーはしばらくかけておくと、風雨によって土がなくなってトリガーが剝き出しになってしまうので、定期的に追加や手直しが必要です」

これまでも何度か触れているように、二重パイプ式や踏み落とし式のトリガーなど作動に安定感があるタイプは、長期運用に向いている。対して跳ね上げ式やジャンプ

トリガーを隠すときは、なるべく枝や小石などの異物は乗せないようにする。土や木の葉は手で揉んで細かくして、パラパラとかぶせるようにする

リードを隠さない場合は、獲物の足にワイヤーが浮いて引っかからないように、小枝を使って地面に固定する

式は長期間埋めていると不発を起こしやすくなるため、短期運用に向いた構造になっている。こういった仕組みの違いをよく理解し、罠の種類に応じて隠す方法も変えていくことが重要だ。

## あえて違和感に慣れさせて罠本体への違和感を消す

トリガー以外のリードや根付を隠すかどうかについては、意見が分かれた。まず山本さんの意見を紹介しよう。

「木の葉がたくさん落ちている場所であれば、リードや根付を木の葉で隠してしまいますが、周囲の土が剝き出しの場合は、木の葉で隠すと逆に違和感を与えてしまいます。ひとつの考え方として、リードや根付といった部分をあえて〝見せる〟ことで、隠しているトリガーに対する違和感を相対的に下げることができるのではないかと私は思います」

獲物がイノシシの場合、しばしばトリガーやワイヤーを掘り返してしまうことが問題になる。これは「土中に潜む違和感を調べるため」だと考えられる。そこで、あえてワイヤーなどの違和感を見せることで本丸となる罠本体のトリガーの違和感を消すわけだ。

たとえば、獣道の途中にダミーの罠やワイヤーを置き、獲物がその存在に慣れてきたタイミングを見計らって、本物を混ぜるといった手法が取られることがある。このように、隠すだけでなく、〝あえて見せる〟という逆転の発想も、くくり罠ではときに有効な手法となり得るのである。

39

# 罠が空ハジキする原因は？ また同じ場所にかけてもいい？

ANSWER

## 同じ場所にかけて大丈夫だが 空ハジキの原因を考えて対策を施すべき

くくり罠が空ハジキしてしまう理由は、実に様々だ。設置の不備、土の重みによるトリガーの自然落下、小動物が踏んだ、獲物が踏んだが足を引かれた、獲物の足をくくったがスッポ抜けた……。そこで、くくり罠を再設置する場合は、まず空ハジキの原因を特定することが最優先となるわけだが、それにはどのような着眼点が必要になるのだろうか？

「まず、弾いたバネの位置を確認します。バネがトリガーの上に落ちているような場合は、土の重みなどで罠が暴発した可能性が高いといえます。逆にバネがトリガーよりも遠い位置に落ちていたり、リードが伸び切っていれば、一度獲物がかかった後に抜けた可能性が高いでしょう。スネアに毛や血が付いていないかを確認すれば、スッポ抜けが起こったのか、足切れが起こったのかを判断することができます。次に、トリガーの上にかぶせた土を観察します。跳ね上げ式やジャンプ式は、トリガーの端を踏まれるとアームがうまく立ち上がらずに不発になることがあります。二重パイプ式や踏み落とし式は、踏み板の落ち具合を確認し、踏み板がほとんど落ちていなければトリガーの暴発が、しっかりと落ちていればスネアが締まる速度の遅れが、それぞれ要因だと予想できます」（山本さん）

### 空ハジキの原因を特定したら改良を加えて再設置する

こうした予想をもとに空ハジキの原因を特定したら、その点を改良するように工夫して罠の再設置を行う。その際のポイントについて、引き続き山本さんの回答を紹介する。

「土の重さや小動物によって暴発したのであれば、トリガーの荷重をさらに重くするように調整します。狙った獲物が罠を踏んだのに空ハジキした場合は、トリガーの前後に太い枝などを置いて、獲物の足並みをそろえる工夫をしましょう」

くくり罠では、トリガーの前後に「跨（また）ぎ木」と呼ばれる障害物を設置することが多

獣道の進路上に跨ぎ木を置く際は、太さ２～５㎝くらいの枝をトリガーに密着させるように配置する。枝の太さや間隔は周囲の状況に合わせて決めればいい

踏み板が大きく落ちて、バネ（ねじりバネ）とリードが伸び切っている。一度獲物がかかってスッポ抜けた可能性が高い

空ハジキしたトリガー。踏み板に残された足跡から、トリガーの端を踏まれて暴発したと予想される

い。これは、獣が固い木や石の上に足を付けるのを避ける習性を逆手にとり、障害物を跨がせた場所で罠を踏ませるための工夫だ。この跨ぎ木は、トリガーに密着させるように置くのがセオリー。しかし、坂の勾配や獲物の種類、個体の大小によって歩幅が微妙に変わってくるため、空ハジキが踏み板の端を踏んで起こっている場合は、獣道に残された足跡から獲物の歩幅を推測して、跨ぎ木の置き方を調整する必要がある。

「スネアが一度獲物の足をくくったのに抜けてしまった空ハジキの場合、スネアが締まる速度を上げるか、スネアが獲物の足の高い場所をくくるための工夫が必要になります。前者はスネアのパーツを見直してみるか、バネをより強力なものに変えることを検討しましょう。後者の場合はトリガーを跳ね上げ式やジャンプ式に変えたり、バネを設置する角度の調整、バネの交換などを検討します。ただ、単に運が悪かっただけということも考えられるので、空ハジキの原因をメモして傾向をつかんでおくことも大切です」（山本さん）

なお、獲物が踏んで空ハジキを起こした場合、「その場所は獲物に警戒されるので、別の場所にかけたほうがいいのでは？」という疑問も抱く人も多いと思うが、回答者の意見は「同じ場所にかけても問題ない」とほぼ一致していた。ただし、足切れなどが原因で空ハジキしている場合は、他の獲物が危険を察知している可能性も否定できない。場所を変えるか、長期運用できるトリガーに変えるといった工夫が必要になるだろう。

40

# 罠を休止するにはどうすればいい?バネにロックをかけられないときは?

ANSWER

## ロック機構があるバネは必ずロックする。長期休止なら解体して持ち帰るべき

罠猟は原則として毎日見回りをしなければならないため、仕事や家庭の事情で見回りができない場合は休止状態にしなければならない。箱罠であればトリガーを外して扉が落ちないようにロックをかけておけばいいが、くくり罠の場合はどのように対応すればいいのか。

「ねじりバネを使用している場合は、上腕と下腕に安全フックをかけます。こうすることでトリガーが踏まれてもバネが立ち上がらないので、獲物がかかることはありません。押しバネの場合は、踏み板の上に大きな石や板を乗せておきます。押しバネにはねじりバネのようなロック機構がないので、トリガー自体を踏ませないようにしましょう。もし長期間休止するのであれば、面倒でも解体して回収したほうがいいと思います。バネをテンションがかかった状態で放置すると、ヘタりが起こって元の形に戻らなくなることもあります。踏み板に石や板を乗せていても、獲物が蹴り飛ばしてかかってしまう可能性があります」(小林さん)

長期間くくり罠を休止させる場合は、すべて回収するのが望ましいという意見に対して、「埋めっぱなしにしておく」というのが山本さんだ。

「二重パイプ式や踏み落とし式トリガーの場合、地面に馴染ませるために埋めっぱなしにしておくこともあります。ただし、こういった場合でもくくり罠の本体は回収して、万が一にも獲物がかからないようにしています」

### ダミーの踏み板を設置して捕獲確率を上げる作戦も有効

くくり罠の休止はやむを得ない事情だけでなく、作戦的に行う場合もある。休日だけ罠猟を行う週末ハンターの中には、広いエリアに二重パイプ式の踏み板だけをセットしておき、土日などの連休前に踏み板の状態を確認し、踏み板が落ちているところだけに絞ってバネを設置するという作戦だ。これは踏み板だけを獲物に踏ませて「何も

トリガーにロック機構があるタイプもある。ただし、獲物が強く踏み抜いてロックが壊れる可能性もあるので、長期間休止する場合は、できれば空ハジキさせるか回収して持ち帰ろう

ねじりバネの場合は上腕・下腕にフックをかけてロックすれば、罠を休止できる

起きなかった」と学習させることで、本番で獲物に罠を踏ませる確率を高めるのが狙いだ。同様に、引きバネ式では蹴糸をダミーとして複数張っておき、獲物に「糸に触れても何も起こらない」ことを学習させ、本番での捕獲率を高めるといった手法もある。

「野生動物はゲームのようにアルゴリズム通りに動いているわけではありませんから、『必ずかかる罠』や『必勝法』というものも存在しません。そこには個体差や地域差、その年の気象条件といった面も大きく影響するため、ある地域ではうまくいった罠や猟法が、他の地域ではまったく当てはまらないといった現象もたびたび起こります。くくり罠猟では、まず基本となる罠猟具と手法から猟を始めてみて、もし失敗したらその原因を検証して、やり方を少しずつ改良していくことが大事です。獲物を数多く獲るベテラン猟師さんの話を聞くと、やはり独自の考えと創意工夫を持って、少しずつ自分のスタイルを確立してきたという人がほとんどです。『くくり罠を始めた３年間はまったく獲物が獲れなかった』と話すベテラン猟師さんは意外に多いので、罠猟１年目から獲物が獲れなくてもあきらめることはありません。まずは最初の１頭を獲るまで頑張ってみてください」(日和佐さん)

くくり罠の設置で最も大切なことは、仮説と検証を繰り返して自分なりのスタイルを構築していくことに尽きるということを、ぜひ覚えておいて欲しい。

# 「箱罠」の疑問

41

# 市販品の大型箱罠はどこで買う？相場と購入の際の注意点は？

ANSWER

## 最近は通販で取り扱うメーカーもある。古い箱罠を補修して再利用するという手も

箱罠はその見た目から、くくり罠に比べて簡単な猟法と思われがちだが、そんなことはない。箱罠を設置しただけで獲物がかかるほど、野生動物はバカではない。捕獲するには獲物の心理状態をどう読むかという様々な〝かけひき〟が必要で、奥の深さはくくり罠以上だ。捕獲についての詳しいハウツーは後述するとして、まずは箱罠を手に入れなければ話は始まらない。

「最近は箱罠をインターネット通販で買うのが主流になっています。大型箱罠は1台10～20万円が相場ですが、通販では安いものは6万円ほどで販売されています。また、アライグマやアナグマ、イタチなどを捕獲する小型の箱罠であれば、ホームセンターで購入できることもあります」（小林さん）

ひと昔前まで箱罠といえば、地元の鉄工所にオーダーメイドでつくってもらうしか方法がなかった。しかし、近年はイノシシやシカによる農林業被害が増大してきたこともあり、罠猟具専門メーカーだけでなく異業種から箱罠製造に参入する業者も増加。商流も地元での店頭販売から、インターネット通販による全国展開へと軸足が移りつつある。さらに、最近は楽天やAmazonといった大手ECサイトでも箱罠やくくり罠の取り扱いが始まっている。クレジットカード決済にも対応しているほか、全国配送や送料の安さといった大手ECならではの恩恵を受けることもできる。

ただし、通販を利用する場合は、注意点もあると山本さんは言う。

「以前、インターネット通販で大型箱罠を購入したことがありますが、配送は最寄りの運送会社止めで自宅までの配送は不可でした。たとえ自宅敷地内に箱罠を設置する場合でも、運送会社まで箱罠を受け取りにいく必要があります。また、送料も5千円と高めです。重量物なので仕方がない部分もありますが、もし近隣に箱罠をかけたいという人がいれば、まとめ買いをすることで送料を安く上げるといった工夫も必要そうです」

## 放置された箱罠の所有者は鑑札や付近の聞き込みで見つける

箱罠を猟場まで運ぶ手段がないという理由で、箱罠の購入をあきらめていた人には、次のようなアイデアがあると話すのは、太田さんだ。

「地元で使われていない大型箱罠を、借り受けるという手もあります。過去に行政が一括購入して設置された大型箱罠や、個人でつくってみたものの使わなくなった箱罠などが、いろいろな場所に放置されたままになっているので、それを有効活用するのです」

平成19年に鳥獣被害防止特措法が施行されたため、総務省の特別交付税を活用して全国に駆除目的の大型箱罠が設置されたわけだが、結局、多くの自治体が箱罠の運用ノウハウを持っておらず、相当数の箱罠が放置されたままだ。この箱罠を補修して再利用しようというのが、太田さんのアイデアだ。しかし、中古箱罠を使う際は注意点もあると、福島県で罠猟を行う虎谷健さんは言う。

「古い箱罠の多くが錆びてボロボロになっているので、ある程度の補修が必要になります。トリガーの仕組みも複雑で仕掛けにくかったりすることも多いので、新たにトリガーを工夫する必要もあると思います」

なお、どんなに朽ち果てた箱罠だとしても、無断使用せずに必ず誰が持ち主なのか確認するようにしよう。所有者の確認は、古い鑑札が掛けてあれば、そこに記載されている電話番号に連絡をする。鑑札がなければ近くの農家さんなどに聞いてみるか、役場で過去に大型箱罠を購入した履歴などを確認するという手もある。役場で購入した履歴があれば、誰が管理を担当しているのか情報がつかめるはずだ。

太田製作所製の〝畳める〟小型箱罠。送料を抑えることができ、省スペースで保管できる

オリモ製作販売製の大型箱罠「OM-61型」。インターネットでの通販も可能だ

放置された箱罠が現役で使われているかどうかは、底面の草の生え具合や、枯れ葉、枯れ枝の積もり具合などで判別が可能だ

42

# 大型箱罠の檻のサイズや構造の違い おすすめの大きさは?

ANSWER

## 軽トラで運べるサイズ以内がおすすめだが 強度が増せば重量も重くなってしまう

大型箱罠に用いられる檻の素材は、鉄筋を筋交いにして溶接したタイプと、ワイヤーメッシュと呼ばれる部材を接合したタイプに大別できる。大きさもイノシシ1頭がギリギリ入るサイズから、シカが3、4頭入る大きなものまで様々だ。このようにひと言で「箱罠」とくくっても、その構造や仕組みには大きな違いがあるため、初めて大型箱罠を購入するとしたら、何をポイントにして選べばいいのか。太田さんの回答を紹介しよう。

「軽トラの荷台に乗るサイズを選ぶべきだと思います。大型箱罠をずっと同じ場所に設置する人もいますが、長く設置していると周囲の獣たちが危険を感じて次第に近づかなくなるため、やはりある程度は移設できるサイズが望ましいでしょう。罠の自重が100kg未満なら、軽トラの荷台に箱罠の片側の端を乗せさえすれば、後ろから押して一人でも荷台に乗せることができます」

くくり罠の章でも述べたように、野生動物は季節によって出没する範囲に一定の傾向がある。しかし、たとえば大雪や山崩れ、他の場所で狩猟圧が上がったなどの環境の変化によって、その出没傾向も徐々に変化していくことがある。また、野生動物には種類によって生息状況のバランスがあり、たとえば「クマの出没が増えてイノシシやシカがまったく寄り付かなくなった」という具合に、緩やかながら変化が発生することもある。したがって、太田さんが言うようにたとえ長期運用を前提とした箱罠であっても、ある程度は運搬性を考慮したタイプが望ましいというわけだ。

大きすぎる箱罠のデメリットを指摘する意見は、小林さんからも出された。

「大きすぎて移設できないだけでなく、止め刺しするときに中で獲物が暴れ回るスペースがあるのもデメリットですね。大きさとしてはせいぜい縦1m、横2m、高さ1mくらいまでが扱いやすいと思います。このサイズなら獲物が動き回れる範囲が限られるため、止め刺しもスムーズに行うことができます」

サイズが小さい箱罠には、角があるシカは入らないのではと思うかもしれないが、小林さんが推奨するサイズの箱罠でもシカは入ってくるという。ただ、シカを箱罠で捕獲すると、中で飛び跳ねて頭を打ち、脳震盪を起こしてそのまま絶命することも多い。死なないまでも体中を檻にぶつけて打撲だらけになることも多いため、食用目的よりも有害鳥獣駆除目的で使うのが現実的かもしれない。

## 100kg超の大型イノシシに噛み切られたワイヤーメッシュ

箱罠の素材については、鉄筋のほうが頑丈だが重さもあり、ワイヤーメッシュは軽いが強度は落ちる。どちらも強度的に問題がなければいいのだが、藤元さんは過去にこんな経験をしたと話す。

「強度的にまったく問題なく使っていたワイヤーメッシュ製の箱罠に、100kgを超える大型のイノシシがかかってワイヤーメッシュの一部が噛み切られ、全体に歪みもできてしまいました。これほどのパワーが出せるのかと驚きました」

一般的に成獣のイノシシの体重は大きいもので20貫（75kg）ほどだが、餌の豊富さや生息環境によっては120kg近くまで成長するという。特にブタの血が混じって「イノブタ化」している個体は大型化しやすく、猟師の間では純血のイノシシよりも狂暴になる傾向があるともいわれる。ある日突然こうした大型で狂暴なイノシシが入ってしまう可能性も考えて、強度の高い鉄筋製を選ぶというのもひとつの考え方だ。

なお、箱罠は鉄製だけでなく、木材や竹材を使ってつくられることもある。有名なのが愛知県岡崎市と地元岡崎猟友会が共同開発した、竹と間伐材を利用した箱罠だ。必要な資材やつくり方が岡崎市のホームページに掲載されているので、興味のある人はチェックしてみよう。

比較的小さめの大型箱罠。このサイズであれば軽トラに乗せて運搬することが可能だ

かなり大きい大型箱罠。群れごと一網打尽にするメリットがある一方で、移設や一人での架設ができないというデメリットもある

100kg超の大型イノシシにワイヤーメッシュが噛み切られた藤元さんの箱罠。ところどころに突進による歪みもできたが、現在は補修して使っている

43

# 大型箱罠の扉の種類とおすすめは？タイプ別の違いも知りたい

ANSWER

## 捕獲率の高い片開きタイプがおすすめ。扉が一枚板ならイノシシの突進も防げる

箱罠の扉には、大型箱罠と小型箱罠それぞれにいくつかの種類がある。小型箱罠は獲物に突進される危険性が少ないので、扉の形状はそれほど重要ではないが、大型箱罠の扉には破壊されないだけの強度と、いかなる状況でもしっかり開閉する機能性が求められる。

大型箱罠の扉は重量があるため、小型箱罠よりも構造に自由度が少なく、扉の仕組みはガイドに沿って扉が真下に落ちる〝ギロチン式〟がほとんどである。とはいえ、扉の構造がすべて同じというわけではないので、それぞれどのような違いがあるのか詳しく見ていきたい。

まず「片開きタイプ」か「両開きタイプ」かによって、扉の構造は大きく異なる。両開きタイプは箱罠の前後それぞれに扉があり、獲物が先を見通すことができるため、比較的警戒心を抱かれにくいという特徴がある。対する片開きタイプは片面だけに扉があり、獲物に警戒されやすいがトリガーの設置が簡単という特徴がある。どちらが実猟に向いているのか、太田さんは次のように回答する。

「片開きタイプをおすすめします。というのも、獲物がイノシシの場合、両開きタイプだと扉が落ちる瞬間に前方へ走って扉に挟まってしまうトラブルが起こります。トリガーに触れてから扉が落ち始めるまでの時間は1秒にも満たないのですが、イノシシは驚異的な反射神経で抜け出てしまいます。これが片開きタイプだと、四本足の獣は後ろ向きに走ることができないため、扉が落ちた瞬間に檻から飛び出る心配はありません」

一般的に両開きのほうが「箱罠に入る確率」は高くなるが、太田さんが言うようなトラブルを見過ごすことはできない。箱罠はくくり罠とは違い、〝見えている罠〟なので、一度獲物に危機感を与えてしまうと二度と捕獲のチャンスは訪れないと考えたほうがいい。たとえ箱罠に入る確率は下がっても、より確実性が高い片開きタイプのほうがいいという意見で、多くの回答者

太田製作所製の大型箱罠の扉は、イノシシが先の見えない壁に対して突進をしないといった習性を利用して、一枚の鉄板でつくられている

小林さん自作の箱罠も、先を見通せないように木材合板製。これにより扉への突進もほとんどないそうだ

両開きタイプの扉は獲物の警戒心が緩みやすいので、箱罠に入る確率は高くなる。ただし、全長が長くなり、トリガーの構造も複雑になるといったデメリットもある

が一致していた。

## 扉は最も強度が弱い部分なので突進させないための工夫も必要

別の視点から両開きタイプのデメリットを指摘するのが小林さんだ。

「両開きは檻の全体の長さが必要になるため、持ち運びや止め刺しという点でも不便です。しかも価格が高くなりがちで、トリガーが複雑になることで不発や暴発のリスクも倍増します」

ボルト止めや溶接が施されていない扉は、箱罠の中で最も強度が弱い部分なので、箱罠の扉には補強用の鉄板や筋交いが入っていることが多い。また、太田さんが製造する箱罠では、イノシシの習性を利用して、扉に〝突進させない〟ための工夫が盛り込まれているという。

「うちの大型箱罠は檻がワイヤーメッシュなのに対して、扉は鉄製の一枚板になっています。これは『イノシシは先が見えない壁には突進しない』という習性を利用したもので、扉に突進される可能性を大幅に低下しています」（太田さん）

このイノシシの習性は経験に基づく知見として広く知られるところだが、2017年の土木学会論文集に掲載された侵入防止柵に対するイノシシの衝突実験に関する論文においても、柵に対しては突進を繰り返すイノシシが、先の見えない木材合板に対しては一度も突進をしなかったという結果が報告されている。

「イノシシは向こう側が見えない壁に対しては、突進しない習性があると考えられるので、ワイヤーメッシュ製の扉にトタンやベニヤ板を張り付けるだけでも、破壊されるリスクを大幅に下げることができます」（小林さん）

44

# 大型箱罠の蹴糸式トリガーに使う糸と張る位置と高さについても知りたい

ANSWER

## 釣り糸や直径0.5㎜程度の鋼線を使い蹴糸を高く、奥に張って捕獲率を高める

箱罠の構造は檻、扉、トリガーという3つのパーツから成り、くくり罠と同様にトリガーには様々なタイプが存在する。中でもよく使われるのが、「蹴糸」を使ったタイプだ。蹴糸についてはくくり罠の「引きバネ」の説明でも触れたように、張る高さや位置を調整できるのが最大の長所。しかし、獲物から蹴糸を見切られたり、切断されるといったトラブルが頻発するので、初心者には扱いが難しいトリガーでもある。蹴糸にはどのような糸を使えばいいのか、藤元さんに聞いた。

「私は蹴糸に20号くらいの釣り用の道糸をよく使います。釣り用の道糸はナイロン製なので、長期間設置していても劣化が少ないのがメリットです。ただ、ナイロン製だとタヌキなどの中小型獣に切られてしまうこともあり、直径0.5㎜程度の鋼ワイヤーを使うこともあります」

回答者の意見を見ると、蹴糸に使う糸の種類は「釣り用の糸（ハリス）」が最も多く、「金属ワイヤー」を使う場合も直径0.3㎜鋼線や0.28㎜銅線を使うといった回答が多かった。ただし、金属製のワイヤーを使う場合は〝光沢〟を気にするという意見も多く、山本さんの場合は「ワイヤーをしばらく泥水に浸けて光沢を消すようにしています」とのこと。釣りに使うステンレスワイヤーには、自然な色に塗装されたものもある。光沢を消す手間はかからないが、一般的なワイヤーに比べて値段が張るというのが難点。

「獲物に蹴糸がバレないように、もっと細い糸を使ったほうがいいのでは？」と考える初心者も多いと思うが、先に藤元さんが述べたように、野外で長期間張りっぱなしにされる蹴糸には〝自然劣化〟という問題がつきまとう。縫い糸のような細くて劣化しやすい糸を使うことは、耐久性の点からもおすすめできない。

### 子イノシシや小動物対策として蹴糸を高い位置に張っておく

次に蹴糸を箱罠の中にどのように設置す

蹴糸を使ったトリガーは、糸を上面に折り返す部分が必要になる。細い糸だとこの折り返しで摩擦が発生し、切れやすいので注意が必要だ

蹴糸に使われる釣り用のステンレスワイヤー。直径0.5mmあたりがよく使われている。釣り用ワイヤーはあらかじめ塗装されているものも多く、罠用にも最適だ

ればいいのか、そのコツを虎谷さんに聞いてみた。

「蹴糸を張る高さや位置を決めるには、まずトレイルカメラや足跡を見て、誘引されている獲物がどのくらいの大きさなのか、群れできているのか単体なのかを確認します。そのうえで親子連れのイノシシなどを多頭捕獲したいのであれば、奥寄りに高めに設置します。親子連れのイノシシは、子イノシシを先に箱罠に入れてその様子を確認しますから、低めに設置していると先にウリボウがかかって親イノシシは捕獲できません。よって蹴糸はウリボウがかからないように高めにする必要があります。本来、蹴糸は箱罠の中央に低めに仕掛けるのが基本ですが、箱罠の奥のほうに蹴糸を張ることで、箱罠内部の中央にイノシシたちが滞留するスペースが確保できます。イノシシは複数頭いる場合、初めは一列にそろって餌を食べていますが、次第に抜け駆けする個体が現れて、奥の餌を食べようとします。蹴糸を奥のほうに張っておけば、このタイミングで扉を落とすことができますが、蹴糸の位置が手前すぎると扉が他の個体に当たって、逃げられてしまうので注意が必要です」

蹴糸を箱罠の奥に、高めに設置するという意見は、他の回答者にもほぼ共通していた。特に捕獲対象にしていないタヌキなどの小動物が多い場所では、子イノシシ同様、それらが先にかかってしまわないように蹴糸を高めに張っておく必要がある。

なお、箱罠には蹴糸を使わない「センサー式」タイプもある。これは箱罠上面に赤外線センサーを装備したユニットを取り付け、設定した体高の獲物が入ってきた場合にトリガーを落とす仕組みになっている。高性能なトリガーとして注目を集めているが、回答者からは「高価すぎる」という意見や、「故障しやすい」「誤作動を起こしやすい」「箱罠の中を飛ぶ小鳥に反応する」といった意見が出された。まだまだ改良の余地がある技術だが、普及を期待したい新しい領域であるのは間違いない。

45

# トリガーに使われるチンチロとは？どんな構造で、どんな種類がある？

ANSWER

**テコの原理で大きな力を操作する部品。木や竹を使って手づくりもできる**

## チンチロ式トリガーのつくり方

1

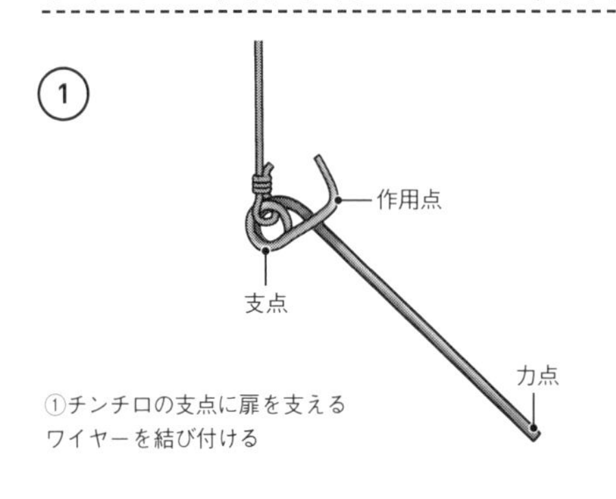


①チンチロの支点に扉を支えるワイヤーを結び付ける

2

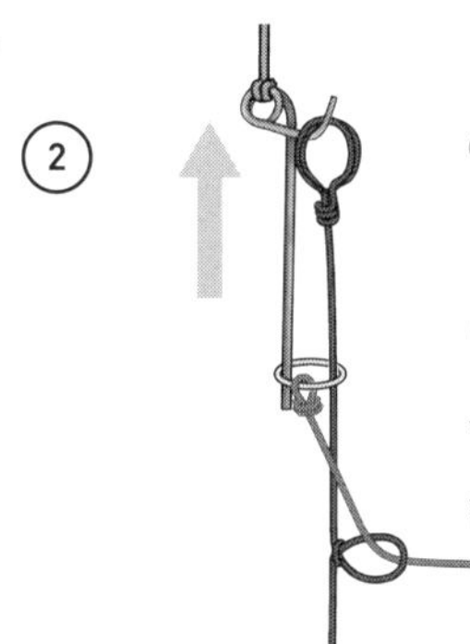

②箱罠の檻にアンカーをつくり、先端を輪にしてチンチロの作用点を引っかける。力点にはスリーブやリングなどをかませておき、蹴糸を結び付けておく（上矢印の方向に扉の荷重がかかっている）

3

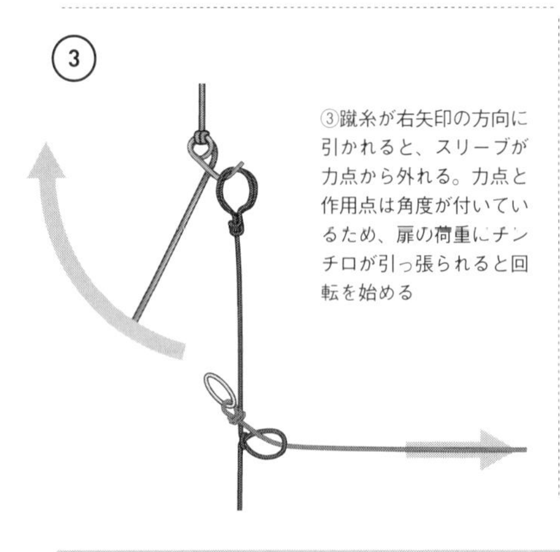

③蹴糸が右矢印の方向に引かれると、スリーブが力点から外れる。力点と作用点は角度が付いているため、扉の荷重にチンチロが引っ張られると回転を始める

4

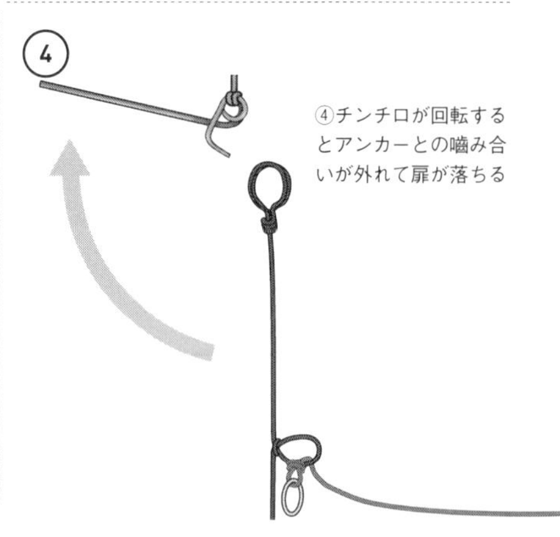

④チンチロが回転するとアンカーとの噛み合いが外れて扉が落ちる

箱罠に蹴糸をトリガーとして使用する場合、獲物が蹴糸に触れたら扉を落とす仕組みをつくらなければならない。しかし、蹴糸で扉の〝つっかえ〟を外すような単純な仕組みだと、扉の重みがトリガーに直接かかってしまうため、蹴糸を押す力がその分大きくなる。そこで、蹴糸を使った大型箱罠のトリガーには「チンチロ」と呼ばれる部品を使い、蹴糸にかかる力を小さくする工夫が施される。チンチロには様々な種類があるが、その構造は基本的にすべて同じだ。

「チンチロには力点、支点、作用点があり、その構造はシーソーと同じです。テコの原理により、作用点にかかる大きな力を、力点の小さな力でバランスを取ることができます。また、チンチロは力点と作用点に角度が付けられており、支点が真上に引っ張られると力点が回転して、作用点の噛み合いが外れる仕組みになっています」(小林さん)

チンチロを箱罠に応用する場合は、作用点側で扉の荷重を支えるようにセットし、力点側を蹴糸に結ぶ。このような仕組みにすることで、獲物が蹴糸に触れる小さな力で、扉の大きな荷重を外すことが可能になる。なお、引きバネにチンチロを使う場合も同様で、作用点側に引きバネを、力点側に蹴糸を結び、小さな力で引きバネの大きな力を操作できる。

チンチロは専用品が罠猟具メーカーから販売されているが、金属の棒を少し曲げて支点となる輪をつくることで自作できるし、小枝や竹を使ってつくることも可能だ。

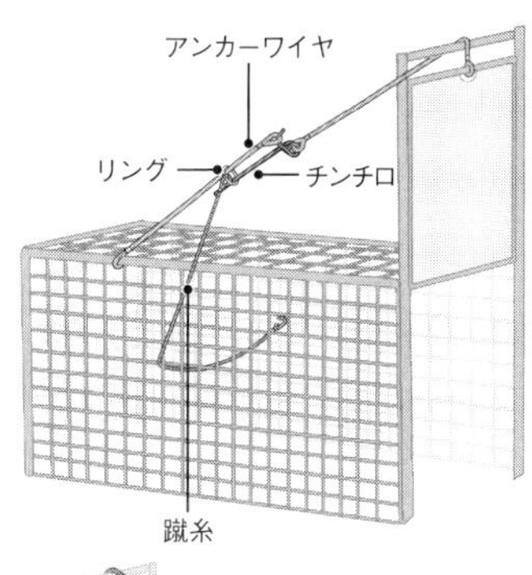


片開き式の箱罠に、蹴糸とチンチロを設置した例。扉の荷重が重い場合は、アンカーワイヤーを太くして、チンチロも大型のものを使用する

木と竹を使った自作チンチロの例。棒の短腕（作用点）をアンカー側に、長腕(力点)を蹴糸に結んだ細い竹に引っかけてセットする。蹴糸が引かれると細い竹が外れ、チンチロが内側に回転するようにしてアンカーから外れる

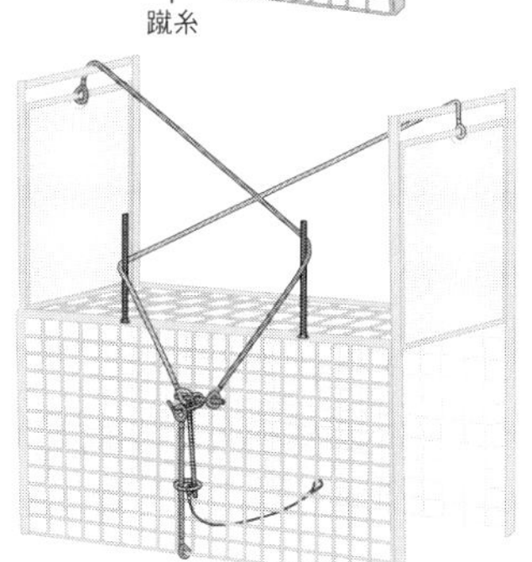

両開きタイプに設置する例。チンチロの支点に金棒を通し、両側に扉のワイヤーを連結させるようにする。一人で作業すると左右のバランスがとりにくいため、なるべく2、3人で設置する必要がある

扉の一部を利用したチンチロの例。チンチロの構造は様々だが、原理はすべて同じ。初めは慣れないかもしれないが、構造を理解して使いこなしたい

# 46

# 蹴糸式以外の箱罠のトリガーには どのような種類がある?

ANSWER

## 小型箱罠は「吊り餌式」と「シーソー式」。大型箱罠には「回転棒式」がある

ここまで蹴糸式のトリガーについて紹介してきたが、箱罠のトリガーには他にどのようなものがあるのか。

まず、ホームセンターなどで販売されている小型箱罠に多いのが、「吊り餌式」のトリガーだ。これは箱罠の上面に付いているフックに、魚の干物などの餌を吊り下げて獲物を誘引して捕獲するというもの。フックはシャフトと連結しており、シャフトはさらに扉と噛み合う構造になっているため、獲物がフックの餌を引っ張るとシャフトが引かれて扉との噛み合いが外れ、扉が落ちる仕組みだ。

大型箱罠の吊り餌式では、トリガーとなる板を上面から吊るしてその下に餌を撒き、獲物がその板を押すとトリガーが落ちる仕組みになっている。ただし、大型箱罠の扉は重いため、扉を直接シャフトで支えるとトリガーを起動させるのに必要な力が大きくなり、獲物に与える違和感が強くなる。そこで、トリガーと扉の間にはチンチロが使われることが多い。

また、地面にシーソーを設置して、獲物が踏んだら扉が落ちる仕組みのトリガーもあり、小型箱罠や法定猟法の「はこおとし」に使われている。大型箱罠に利用されることもあるが、シーソーは軽く踏まれただけで起動してしまうため、タヌキなどの小中型獣がかかりやすい。さらに、吊り餌式やシーソー式のトリガーは衝撃に弱いといったデメリットもある。たとえば、アライグマやサルは箱罠の側面から手を伸ばして餌を盗もうとするため、トリガーに触れて暴発を起こすことがある。このようなトリガーを使う際は、箱罠をしっかりと固定して草や小枝などで隠すといった工夫が必要になる。

### 初めての箱罠のトリガーは 複雑すぎない仕組みのものを選ぶ

これらのトリガーとはやや異なる視点で開発したのが、太田製作所の「回転棒式」のトリガーだ。

「『くるりんぱトリガー』と名づけた回転

## 吊り餌式トリガー

吊り餌式トリガーの例。トリガーに結び付けられた餌を、獲物がくわえて後ずさりするときに扉が落ちる。菓子類を使う場合はミカンネットなどに入れて吊り下げる。餌だけを持ち逃げされないように、餌は針金などでしっかりと固定しておくこと

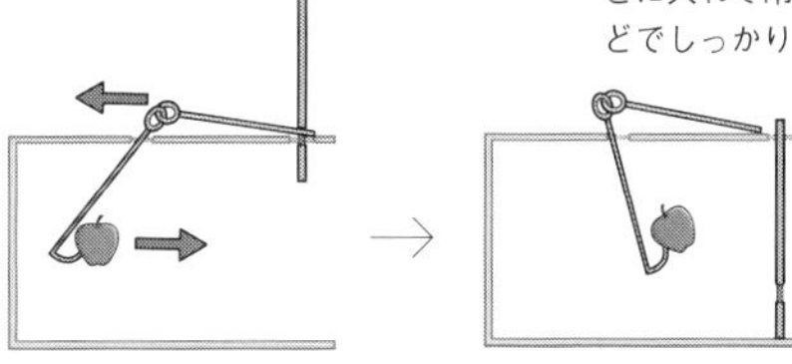
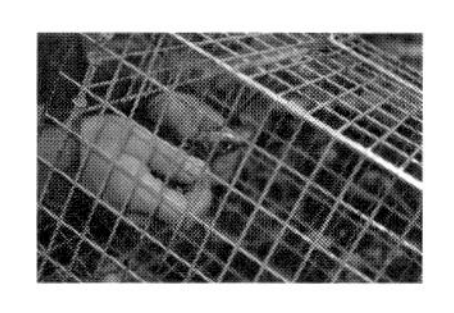

## シーソー式トリガー

シーソー式トリガーの例（左が小型箱罠、右が大型箱罠）。獲物が板を踏むと扉が落ちる感度の高いトリガーだが、大型箱罠ではタヌキなどが踏んだときに落とさないようにする工夫が必要

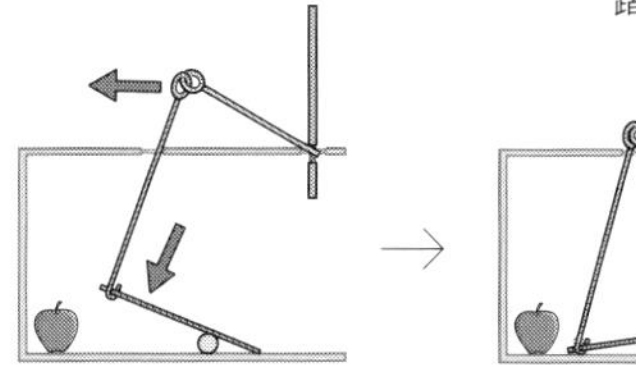

## 回転棒式

太田製作所製の回転棒式『くるりんぱトリガー』。獲物が餌を食べるときにつっかえ棒を蹴り倒すことで扉が落ちる。箱罠の外側にトリガー機構が剥き出しにならないため、シートを張るといった工夫がしやすい

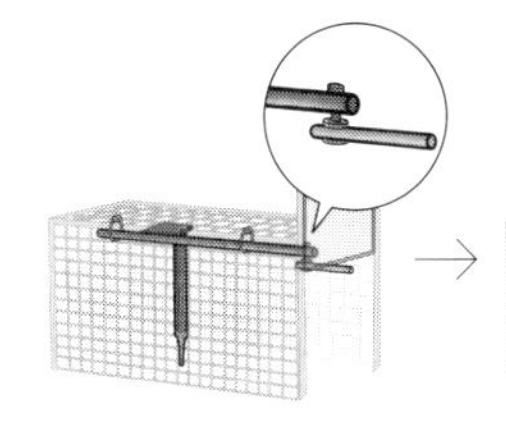
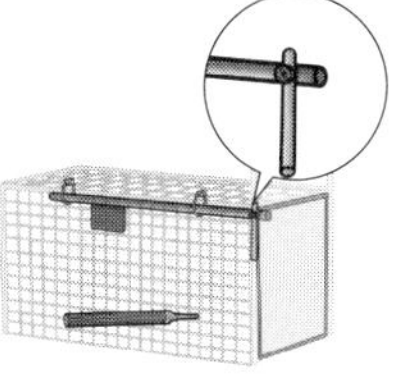

棒式のトリガーは、1本の鉄筋につっかえ棒を支える部分と、扉を支える部分が付いていて、つっかえ棒を獲物が動かすと支えが外れ、鉄筋が半回転します。トリガーが回転すると扉を支えている部分も同時に回転して、扉が落ちる仕組みになっています」（太田さん）

この回転棒式はトリガーを支えるために木や竹の棒を使用するため、獲物に対して違和感を与えにくいという。さらに、トリガーが箱罠上面の内側に設置されているため、外部から触れられる危険性が少ないというメリットがある。

箱罠のトリガーの種類は他にもいくつかあるが、最初の1台として選ぶ場合は「仕組みが複雑すぎない」ことがポイントになる。シンプルなほうが作動の安定性が高く、メンテナンスがしやすいからだ。できれば知り合いの猟師に実際に箱罠を仕掛けている現場を見せてもらい、扱いやすさなどを確認して自分に合ったトリガーの箱罠を選ぶようにしよう。

# 47

# 大型箱罠を設置する場所の環境や入り口の方向はどのように決める？

ANSWER

## 獣道沿いに設置して入り口も獣道に向ける。人間の生活圏を見渡せるようにする工夫も

くくり罠をしかけるときには、足跡などのフィールドサインをよく確認し、獲物が通りやすいポイントに埋める必要があったが、箱罠は獲物を餌で誘引するため、仕掛ける場所の制約は緩そうに思えるかもしれない。しかし、実際には設置場所や入口の向き、自然光の当たり具合など、獲物がより〝入りやすく〟感じるための工夫が必要となる。

回答者に共通していたのが、「なるべく獣道に近い場所に、入り口も獣道に向けて設置する」という意見だった。

「箱罠猟ではくくり罠猟ほど獣道を重視しないと思うかもしれませんが、それは違います。人通りならぬ〝獣通り〟が多い場所に箱罠をかけたほうが捕獲確率は高くなるので、獣道の近くにかけるのが基本です。私たちが駐車場が広くて車が入りやすいコンビニを選ぶのと同じで、箱罠の入口も獣道に向けて設置したほうが〝来客数〟は増えます。餌に気づいた獲物が『どうすれば入りやすいか』という視点で工夫しましょう」（小林さん）

大型箱罠はしばしば、農地や草地にポツンと置かれていることも多いが、回答者の意見によると、こういった置き方はあまり効果的ではないという。その理由を山本さんは次のように説明する。

「サルやカラスなどを見ているとよくわかりますが、野生動物は目立つ場所で餌を食べることはほとんどありません。おそらく野生動物は、餌を食べているときが最も無防備になるということをわかっているのでしょう。周囲が開けている場所に箱罠を設置しても、なかなか餌を食べようとしません。箱罠を設置するときは、できるだけ周囲の視界が開けていない場所や、木立の中で常に日陰になっているような場所が好ましいと思います」

### 餌を食べながら警戒できるように設置する方向を工夫する

獲物の警戒心が緩みやすくなる場所に設置するという意見は、他にもあった。

藤元さんが仕掛けた大型箱罠。入口を獣道に向け、反対側は道路を見渡せるように設置している。一般人にも見える場所だが、地元の人に万が一獲物が入っていても近寄らないように説明しているという

小型箱罠の場合、小中型獣が使う細い獣道上にかけるという手もある。木の影などに置くと動物の警戒心が緩みやすい

「私は箱罠の入り口を山側に向け、反対側に林道や町を見渡せるような形で設置します。特にイノシシは餌を食べようとするときに、周囲の気配や物音を警戒しています。餌を食べながら外敵の接近などを確認できるように、あえて扉の反対側の見通しがよくなるような場所を選ぶようにしています」（太田さん）

イノシシやシカにとっての最大の敵は、人間に他ならない。もし自宅の敷地内や近くの農地に箱罠を置く場合は、入り口と反対側を道路や家など人間の気配が濃い方向に向けることで、獲物が「警戒しやすい状況」をつくり出すというわけだ。

ただし、人間の生活圏が見えるような場所に箱罠を設置する際は注意も必要だ。

「見回りも楽なので、箱罠を道路の近くに設置する人もいますが、その場合は箱罠を杭などでしっかりと固定しておく必要があります。罠に入った獲物が暴れて檻ごとひっくり返って、それが道路上に出てしまうと違法になってしまいます。箱罠を水平に設置できて、アンカーや杭を打ち込める地質の地面でなければなりません」（小林さん）

道路沿いに箱罠をかければ当然のように人目につきやすいため、罠にかかったイノシシの姿を見た人が「えっ⁉」と思って、わざわざ見にいく可能性もある。このときに興奮した獲物が罠を破って人間にケガをさせると、その責任は罠をかけた狩猟者側が負わなければならない。

また、目立つ場所にかけた罠では、他の猟師に獲物を横取りされることもある。特に有害鳥獣駆除では報奨金が絡むため、他人が仕留めた獲物を盗んだり、罠を破壊したりといったトラブル事例もしばしば耳にする。箱罠は獲物には〝見つかる罠〟だが、人間には〝見つからない罠〟として仕掛ける必要がありそうだ。

# 48

## 大型箱罠は偽装したほうがいい？塗装する効果はある？

ANSWER

### 偽装しても違和感は取り除けないが底面を土に埋めて慣れさせることはできる

その存在が獲物たちに〝丸見え〟状態でそこに置かれている箱罠は、不自然さをできるだけ消すことで獲物を油断させるくくり罠に比べると、工夫がなさすぎるように思えなくもない。人間の心理として、つい「自然になじむようにカモフラージュしてはどうか」という気持ちが湧いてくるのも無理のない話だが、果たしてそれで獲物が油断したり警戒を解いたりするものだろうか？

どんなに〝偽装〟したところで、「違和感を取り除くのは難しい」と回答するのは虎谷さんだ。

「箱罠は自然界においては〝異物〟なので、たとえ檻の色をアースカラー系の色で塗ったり、檻全体を草木で覆い隠したとしても、完全に違和感を取り払うことはできないと思います。ただ、野生の動物は人間が設置した鉄塔や看板などに、それほど警戒心を抱きません。つまり、ある程度までは異物に〝慣れさせる〟ことができると思います。私は箱罠の底の部分を土に埋めることで、そこに〝置いてあるもの〟ではなく、地面から〝生えているもの〟として認識できるように演出しています」

箱罠の底の部分を土に埋めるという工夫については、小林さんや太田さんからも同じ回答を得ており、檻の底面と地面の境目になるべく段差が生じないように土を均（なら）して、底面の鉄筋などのゴツゴツ感をなくすように、しっかりと土を押し固めるといったアドバイスもあった。また、箱罠の塗装については、回答者のほとんどが「気にしたことがない」と答えたが、太田さんは一定の効果はあるかもしれないと回答した。

「ワイヤーメッシュの光沢感は初めのうちは違和感が大きいですが、日がたつにつれて徐々に落ち着いた色に変化していきます。そのため、あえて塗装が必要だとは感じたことはありません。しかし、以前、全体を深緑色に塗装したところ、その箱罠にはイノシシがすんなりと入るなと感じました。劇的な効果というわけではありませんが、何か変化をつけたいというときに試してみ

設置場所を整地したときに出た土を箱罠の底面に均一にかぶせてやり、罠全体を地面になじませる

周囲の地面がスギの葉などで覆われていれば、箱罠の中にも同じようにスギの葉を敷き詰めて、なるべく違和感を感じさせないようにする。草地に箱罠を設置する際、草が生えるまで待つという人もいる

市販の箱罠の中にはアースカラーに塗装されているものもあるので、色にこだわる人はこうした色を選ぶのも一案

てもいいかもしれません」

## カモフラージュ以外にも工夫すべきポイントはいろいろある

塗装に関しては、箱罠を長期間放置していると塗装が剝げ落ちて錆の原因になるので、「補修のために定期的に錆止めの塗料で塗り直す」といった意見があった。もし太田さんの意見を参考にするのであれば、耐候性のある錆止め入り塗料で、できれば深緑色などアースカラー系のもので塗れば、箱罠の耐久性を上げることにもなるだろう。

箱罠が〝見えている罠〟である以上、獲物にまったく警戒心を抱かせないというのは不可能かもしれないが、自分なりにカモフラージュ以外の獲物を〝その気にさせる〟工夫をしてみる価値はあるだろう。たとえば、箱罠の設置場所や入り口の向き、餌の撒き方など工夫すべきポイントはいろいろあるので、少しでも獲物の警戒心を下げることができれば、捕獲率は確実に上がるはずだ。

49

# 一度設置した箱罠は移動させない？ 場所を変える際の目安は？

ANSWER

## 狩猟スタイルにより3週間～1年以上と設置期間には大きな差がある

前述したように、イノシシやシカは年間を通して生活をする場所を移動させているため、なかなか獲物がかからなければ仕掛ける場所を変えるという選択肢が浮上してくる。くくり罠ならそれもたやすいことだが、100kg近い重さがある大型の箱罠だと、そう簡単に場所を移動させることができない。軽トラなどに積み込んで運ぶ手間だけでなく、新たに設置する場所の環境に箱罠がなじむまで、やはりそれなりの時間がかかってしまう。

では、大型箱罠をかける場所を変えるための判断基準とは、どのようなものなのだろう？　この疑問への答えには、回答者によってかなり違いがあった。まずは比較的短期間で設置場所を変えているという、虎谷さんの意見を紹介しよう。

「箱罠を設置してから３週間経っても、仕掛けた場所周辺で獲物の動きが見られなければ、場所を変えるようにしています。私は箱罠を設置する候補地として常に数カ所に目星をつけておき、あらかじめ餌を撒いておきます。場所を変える場合は、その候補の中から獲物の反応が最もいい場所を選ぶようにしています」

実は虎谷さんは福島県の帰還困難区域で捕獲事業を行っていて、このエリアでは原発事故後にイノシシとブタが交配したイノブタの増殖が問題となっている。地域の悩みを解決するという意味でも、より早く捕獲を進めるためには、比較的短い期間で箱罠の移動を行う必要があるというわけだ。

一方、虎谷さんほど短期間ではないが、藤元さんも獲物の反応がなければ相当期間を経て、仕掛ける場所を変えると話す。

「２カ月くらい動きがなければ、移動を検討します。設置場所はそのときの状況によって変わりますが、基本的には毎日見回りを行うルートが決まっているので、その移動線上と決めています。ただ、私は地元のミカン農家さんと協力して捕獲を実施しているので、新しく協力してもらえる農家さんが見つかれば、そこの敷地内に移動させることもあります」

大型箱罠の扉をロックする機構などに使われるバネは荷重がかかり続けるとヘタりやすいので、定期的に作動を確認をして交換部品も用意しておきたい

鉄板と鉄筋の溶接部分の腐蝕が進んでいると、イノシシの激しい突進で檻が壊れてしまう危険もあるので、早目に補修することが肝心

最後に、最も長期に渡って設置すると回答したのが太田さんだ。

「その場所で1年間のうちに数頭捕獲実績があれば、箱罠を移動させることはありません。私が住んでいる嬉野周辺に生息するイノシシは、1年を通してある程度出没する範囲が決まっているので、長い目で様子を見るようにしています。ただし、初めて設置した場所で半年以上獲物が獲れなければ、別の場所に移動するようにしています」

太田さんが暮らす嬉野市では、例年、米が乳化する時期にイノシシの食害が問題になるという。イノシシが山奥から降りてくる時期がある程度予想できるため、箱罠も頻繁に移動させずに腰を据えて待ち構える作戦をとっているわけだ。

## 扉、ロック、トリガーなどは定期的に作動を確認しよう

箱罠にかかった獲物は逃げようとして激しく暴れるため、長期間使い続けていると箱罠にもガタがくる。必要に応じて補修や修理が必要になるが、これはどこで行えばいいのか。回答者の意見は「溶接などの加工が必要なければ現地で補修やメンテナンスを行う」という答えで一致していた。

「扉の開閉具合と扉のロックの作動確認、トリガー部分のきしみや錆の発生、溶接部分の腐蝕やヒビの確認などを定期的に行います。チェックして補修や部品交換が必要だと感じたら、後日、補修部品を持って現地でメンテナンスします」(虎谷さん)

50

# 箱罠猟に使う餌の種類は？ 米ぬか以外にどんな餌がある？

ANSWER

## 米ぬか、ヘイキューブ、廃野菜などに酒や調味料を混ぜるという裏ワザもあり

箱罠猟のキモとなるのが、餌の選定だ。そこにあるだけで動物たちに何らかの違和感を与えている箱罠に、わざわざ「入ってみよう」と思わせるには、その危険と天秤にかけてもあらがえないほど〝魅力的〟な餌を置く必要がある。

Q17でも触れたように、イノシシやシカを捕獲する目的で最もよく使われるのが「米ぬか」だ。栄養豊富で香りも強い米ぬかは、イノシシとシカ両方に強い誘引作用を持つ。コイン精米所などで簡単に手に入れられるので、入手性にも優れている。回答者の意見でも、米ぬかを箱罠用の餌として推す声が多かったが、山本さんは次のように指摘する。

「箱罠の餌には米ぬかをよく使いますが、誘引力には地域差があることも知っておいたほうがいいです。たとえば、米をつくっていない離島に生息するイノシシは、米ぬかに対してほとんど反応しないと言われます。同様に、ある地域では誘引力が高い餌が、他の地域ではまったく効果がないという話もよく聞きます」

地域的な餌の嗜好性については、他の回答者からも同様の指摘があった。

「私が住む山口県周防大島は『ミカンの島』と呼ばれるほどミカン生産が盛んなので、イノシシたちも普段からミカンを食べ慣れています。そこで米ぬかをベースに廃ミカンを混ぜ、半分に切ったミカンを少し絞ってにおいを出した状態で餌として使っています」（藤元さん）

万能な餌といえる米ぬかだが、万能ゆえの問題点もある。それが小中型獣も同様に誘引してしまうことだ。たとえば、タヌキやアライグマ、アナグマなどは植物食性に寄った雑食なので、米ぬかに強く引き寄せられる。箱罠で狙うのが大型獣である場合、どうにかしてこれら小中型獣を避けて誘引したいわけだが、解決策となる回答は得られなかった。

「米ぬかを使っている以上は、タヌキなどを呼び寄せるのは避けられないことだと思います。タヌキなどが多いエリアの場合は、

商品にならない廃サツマイモが餌に使われることも多い。丸のままより一口サイズに切るったほうが食いつきがよくなるという

シカの誘引餌としてよく使用されるヘイキューブ。ウマゴヤシと呼ばれるマメ科の植物を乾燥させて固めた飼料で、農協やインターネット通販などでも手に入る

万能餌と評価が高い米ぬか。精米所やコイン精米機などで簡単に手に入るが、年末年始は需要が増えるため、この時期に箱罠をかけるときはあらかじめ確保しておこう

トリガーを高く、重くすることで箱罠にかからないように工夫するしかありません。草食のシカを狙う場合は、牧草を押し固めた家畜用の飼料であるヘイキューブを使えば、選別して誘引することができます」(山本さん)

## 効果的だから使うだけでなく安く手に入るということも重要

回答者が使っている餌については、米ぬかやヘイキューブ以外にも、サツマイモなどの穀物類、おからサイレージ(おからや醤油粕を配合した発酵飼料)、ジュースの搾りかす、アッペン(圧大麦)などいろいろな回答があった。その理由は必ずしも「効果的だから」というだけでなく、「安く手に入るから」という人もいた。穀物などの値上がりが続いているなか、こうした視点を持つことも大切かもしれない。

また、箱罠に使う餌の誘引効果を高めるために、自分なりの工夫を加えている話も聞く。たとえば、あるベテラン猟師は米ぬかになんと焼酎を混ぜるという。曰く「イノシシを酔わせるとトリガーに引っかかりやすくなる」そうだ。果たしてどの程度の効果を上げているのかは不明だが、似たような回答をしたのが太田さんだ。

「箱罠に誘引したイノシシが、トリガーまであと一歩のところからなかなか進まないという膠着状態に陥ったときは、米ぬかに塩、砂糖、お好み焼きソースなどを少し混ぜて〝味変〟することがあります。味変するとイノシシの喰いつきが、多少はよくなるような気がします」

箱罠猟の醍醐味のひとつが「獲物との駆け引き」だとしたら、どんな餌を選定するかは、まさに罠猟師としての腕の見せどころでもある。罠に仕掛けたトレイルカメラの映像を見ながら、自分の〝読み〟が果たして当たっているのかどうかに一喜一憂するというのも、箱罠ならではの楽しみ方といえるだろう。

# 51

## 箱罠になかなか獲物が寄ってこない おびき寄せる餌の撒き方とは?

ANSWER

**まずは少量の餌を複数個所に撒き 獣道から罠の入り口まで誘導するように撒く**

猟期の始まりとともに念願の箱罠を仕掛けたものの、毎日見回りを続けても獲物が寄ってきた形跡がまったくない。箱罠の中にはその姿を変えることなく、餌の山が残り続けている……。何とも虚しくなる状況だが、なぜこのような現象が起こってしまうのだろうか。この問題について小林さんは次のように話す。

「まずは餌の味や匂いに慣れさせないと、獲物は近寄ってきません。当然ですが、私たちが撒く餌は、獣たちには違和感だらけです。周囲の環境が致命的なほど餌がないような状況ならば、危険を承知でガッついてくることもありますが、大抵の獲物は餌の様子を遠巻きに観察しています。まずは餌が『安全でおいしいもの』だということを獲物に覚え込ませる必要があります」

私たちは新規オープンした店を見つけてもいきなり入らずに、そこがどんな店なのか情報収集するはずだ。これと同じで、獣たちも新しい餌が出現したからといっていきなり入るのではなく、まずはその様子を観察しているのだ。そこで必要になるのが、新しく店がオープンしたことを告げる〝広告宣伝〟であり、山本さんは「試供品作戦」が有効だと言う。

「まずは獣道のいたるところに、試供品の餌を撒いてみましょう。このとき餌を撒く量を、少なめにするのがポイントです。スコップ2、3杯分か、せいぜいバケツ半分くらいでいいと思います。そして、見回りのときに餌が食べられているかどうかをチェックします。初めのうちは餌の端が崩されている程度かもしれませんが、慣れてくるとイノシシであれば、舐めまわすようにきれいに食べてしまいます。このような結果が表れたら、次は箱罠から近い位置に少し増量した量の餌を撒き、再び様子を見ます。これを繰り返して箱罠が見える位置までおびき寄せ、いよいよ〝お客さま〟を箱罠に迎える準備を始めます。なお、獲物が箱罠に近寄ってくる段階に入ったら、遠くに餌を撒く必要はありません」

これと同じような作戦を挙げた回答者も

箱罠の入り口から獣道との交差場所まで、香りが漂う程度に薄く餌を撒いていく

獣道が交差する場所には少し多めに試供品をセットすることで、箱罠の存在を視認させることができる

多かったが、「餌を多く撒きすぎない」ことと「なるべく広い範囲に餌を撒く」というのが共通した意見だった。なお、餌を撒くこと自体は捕獲行為に当てはまらないため、猟期前から下準備をして撒いておくこともできる。あらかじめ餌を複数個所に撒いておき、最も多く餌が食べられていた場所に集中的に箱罠を設置するという作戦も有効だ。

## 獣道から箱罠の入口まで薄くつなげて餌を撒いて誘導する

箱罠猟の初動段階において、餌に慣れさせることの重要性はわかったと思うが、さらに強力な手法を使って獲物を誘引するというのが藤元さんだ。

「私は餌を点々と撒くのではなく、獣道から箱罠の入り口までレッドカーペットのように、薄くつなげて撒くようにしています。イノシシは頭がいいので餌場をすぐに覚えますから、たとえその日は途中でお腹がいっぱいになって箱罠に誘引されなくても、数日後には箱罠まで足を運んでくれることが多いのです」

藤元さんのこの作戦は、そのときは店に入らなくても、店の存在と場所を覚えてもらうために、店まで誘導する〝路上看板〟を設置するようなものだ。ときには「自分がされたらうれしいかも」という視点に立って、あの手この手でお客さんに店の存在を知ってもらう〝商売人マインド〟が必要かもしれない。

52

# 箱罠に獲物が近寄ってきたのになかなか中に入らないのはなぜ?

ANSWER

## 入り口から少し入った場所に餌を置いてまずは箱罠に一歩踏み入れさせる

試供品作戦などで獲物に箱罠の場所を覚えてもらったら、いよいよ箱罠猟の本番開始だ。しかし、そびえ立つ金属の異物は強烈な違和感を発散しまくっているため、箱罠の中にすんなりと入ってくれるような獲物は滅多にいない。罠に近づいてきても、大抵の場合は箱罠の周りをウロチョロするだけだ。実際、箱罠の近くに設置したトレイルカメラの映像を見ると、檻のにおいを嗅いだり入り口の前でジッとたたずんでいることも多く、獲物の警戒心がヒシヒシと伝わってくる。

獲物に〝最初の一歩〟を踏み出させる名案はないのかという疑問に対して、藤元さんは次のように答えてくれた。

「まずは箱罠の入り口から少しだけ内側に、多めの餌を撒いてください。獲物は首を長く伸ばして、箱罠の枠を踏まないように餌を食べていますが、餌を食べ進むとテンションが上がってくるのか、徐々に足が前に出てくるようになります。入り口付近の餌を平らげるようになったら、第1段階は完了です」

試供品で餌の味を覚えた獲物は、危険とはわかっていながらも、箱罠の中に入っている餌が食べたくて仕方がなくなるが、だからといって箱罠の奥にある餌を食べにいく勇気は出ない。それがこの段階の獲物の心理状態だ。そこで外からギリギリ餌を食べられる位置に餌を撒くことで、この心理状況にクサビを打ち込むわけだ。なお、この段階に入ったら、獣道や箱罠の周囲に試供品として撒いた餌はすべて回収しよう。というのも、野生動物には他の動物の咀嚼音を聞いて集まってくる習性があるため、獲物を罠の入り口まで誘引できた状況では、箱罠内の餌に集中させたほうが次のステップに移りやすいからだ。

### 箱罠に使うトリガーの種類によって餌を撒く位置と量を調整する

では、次のステップではどこに餌を撒けばいいのか？　藤元さんは「状況に応じて餌を撒く位置と量を調整して、獲物が箱罠

## 餌の配置方法の例

一般的な餌の配置例。初期の段階では箱罠に足を踏み入れることに慣れさせ（①）、次の段階でトリガーの存在に慣れさせる（②）。そして最終段階ではトリガーを踏ませる目的で餌を箱罠の奥に多めに配置する（③）

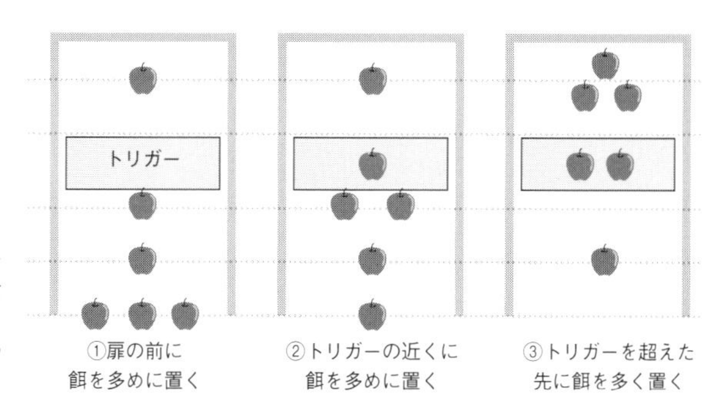

藤元さんの餌の配置方法の最終段階では、トリガー付近に餌を大量に撒く。うまくハマれば短期決着が可能だが、見限られて寄ってこなくなる危険性もあるという。この点については獲物の心理状態を読む経験値も必要になる

深くまで入るのを待つ」と言う。餌を撒く位置と量に関する判断基準は、「一歩目が入ったらトリガー付近にだけ餌を撒く」という意見もあれば、「入り口からトリガーまで段階的に細かく刻んで餌を撒く」という意見もあった。ただ、今回の回答者の意見を見ると、使うトリガーの種類によって餌を撒く位置と量については、ある程度の傾向が見られた。

たとえば藤元さんの場合、木や竹といった自然物を利用した回転棒式トリガーを利用しているため、獲物もトリガーの存在にそれほど警戒心を抱かないので、トリガーの周辺だけに餌を撒けばいいという考え方だ。

「箱罠に入ることに慣れさえすれば、トリガーを蹴り倒すのにさほど時間はかかりませんから、トリガーの周りにだけ餌を撒いて一気に勝負を決めることも少なくありません」（藤元さん）

一方、箱罠の入り口からトリガーまで段階的に餌を撒くという意見は、トリガーに蹴糸を使用している人に多かった。これは、蹴糸の糸や針金の存在が獲物に対して違和感となるため、まずは〝蹴糸に触れても安全〟ということに慣れさせるといった理由があるようだ。こうした餌の配置については、猟師の性格的な面が及ぼす影響も大きく、これが正解という決定的なセオリーがあるわけではない。もちろん、野生動物もコンピューターのアルゴリズムのように動いているわけではないので、そもそも絶対的な攻略方法などは存在しないと考えたほうがいい。

何とかして攻略する糸口を見つけたいのであれば、トレイルカメラを仕掛けてその映像や餌の食べられ方などを注意深く観察し、自分なりに獲物が中に入らない理由の仮説を立てて、トライ＆エラーを繰り返していくしかないだろう。

53

# 獲物が箱罠の中まで入ってくるのになぜかトリガーの前で止まってしまう

ANSWER

## 餌のにおいを強めて変化を与えるのも有効 辛抱強く待てば転機が訪れることも！

ようやく箱罠の中まで獲物が入ってくるようになったのに、なぜかトリガーの手前でピタリと止まってしまう。その奥にある餌を食べるために、あと一歩足を踏み入れてくれればトリガーにかかるというのに、プイと踵を返して去られてしまったときの絶望感……。

こんな状況に対して、何か打つ手はないのかと回答者に尋ねたところ、返ってきたのは「辛抱強く待つしかない！」という意見がほとんどだった。

「ここで餌やトリガーに手を加えると、逆に違和感が出て獲物が近寄ってこなくなることもあります」と日和佐さんが言うように、この段階まできたらムダな抵抗はやめて、獲物が〝その気〟になるのを待つ以外に手はないのだ。

しかし、回答者の中には「最後のひと押し」に工夫を凝らすという人もいた。虎谷さんは次のような秘策について明かしてくれた。

「どうしても獲物があと一歩踏み出しそうもないときは、最終手段として『天地返し』を行うことがあります。これは餌の米ぬかを、お好み焼きのようにひっくり返す技です。米ぬかは地面側が水分を吸って発酵しているため、においがグッと増して獲物を惹きつけます。そこで天地返しすることで、獲物にあと一歩を踏み出させるわけです。中にはそれを警戒して近寄ってこなくなる個体もいるので、いわば〝捨て身〟の技でもありますが、何もしないでただ待つよりは捕獲の確率は上がると私は思います」

餌そのものを変えるのではなく、においを強調するというこのテクニックは、先に太田さんの回答として紹介した「味変作戦」にも共通している。獲物との駆け引きが膠着状態に陥ってしまったら、それを打開する最終手段として、試してみる価値はあるかもしれない。

また、餌ではなくトリガーにちょっとした工夫をすると話すのが藤元さんだ。

「私が使っているトリガーは、木や竹の棒を蹴り倒すことで扉が閉まります。そこで、

トレイルカメラの映像。３頭のイノシシが箱罠に誘引され、先頭の獲物の頭に蹴糸が触れた！

と思いきや、すぐに頭を引っ込めて箱罠から出ていってしまった。後ろに続く２頭が檻に入っていたら、それに押されて蹴糸に触れたはず……。箱罠ではこうした駆け引きが繰り返される

どうしても獲物が棒に触れないといった状況が長く続く場合、棒と檻の間に這わせるようにワイヤーを張って、餌の中に隠しておきます。こうすることで、餌に慣れた獲物がワイヤーを引っ張り、棒が外れて扉を落とすことができます」

トリガーに細工をするという意見としては、他にも「蹴糸を金属ワイヤーから植物のツタや小枝に変える」というものもあった。ただし、日和佐さんが話すように最終段階における小細工は、獲物に違和感を与える〝諸刃の剣〟になる可能性があるので注意が必要だ。

## 箱罠の近くにくくり罠をかければ獲物が捕獲できることもある

ユニークな意見としては、「潔く諦める」（太田さん）といった意見も少なからず見られた。

「箱罠に仲間がかかったのを見たことがあるのか、警戒心が特別強いのかはわかりませんが、トリガーに触れずにすり抜けて餌を食べるイノシシをしばしば目にします。このような獲物は箱罠での捕獲を早々にあきらめて、邪道と言われるかもしれませんが、通ってくる獣道にくくり罠を仕掛けます」（太田さん）

箱罠とくくり罠を併用する方法はとても効果的に思えるかもしれないが、実際にはうまくいかないことがほとんどだ。これは〝見えている罠〟である箱罠の存在によって、すでに獲物たちの警戒心がかなり高まっているため、その近くにくくり罠を設置しても簡単に見切られてしまうからだ。事実、太田さんが箱罠の近くにかけたくくり罠でも、「獲物はたまに獲れる程度」ということだ。

冒頭で「辛抱強く待つ」という意見を紹介したが、箱罠では辛抱強く待っていると転機が訪れることもある。それが餌場の奪い合いだ。箱罠に新たな個体が誘引されると、先に誘引されていた個体との間に、餌場をめぐる衝突が発生することもある。これまでのんびりと餌を食べていたのが、ライバルに負けまいと必死になり、うっかりトリガーに触れてしまうというわけだ。「1頭の大型イノシシを捕獲するための駆け引きに猟期を丸ごと費やした」という話も耳にするが、こうして好機を待つというのも箱罠猟のひとつの形なのかもしれない。

54

# 箱罠の餌を交換するタイミングは？腐っても大丈夫？

ANSWER

## 交換の目安は2週間程度が一般的。発酵は効果的だが腐敗した餌はNG

箱罠の中に撒いた餌は、定期的に交換する必要がある。特にイノシシやシカを狙う場合、カビが生えた餌や水分を含んで固まってしまったような餌は、誘引効果が大きく低下する。野生動物だからと侮らず、細やかに残滓の掃除をして、新しい餌の補充を行おう。

餌を長持ちさせるためには、雨に降られないようにすることと、餌を直接地面に置かないことがポイントになる。雨よけとしては、檻の天井にコンパネやゴム製の厚いシート、プラダンシートなどをかけておく。トリガーが上面にあるタイプの箱罠では、餌を多く撒くことになる箱罠の奥側だけでも覆いかぶせる工夫をしたい。また、藤元さんは箱罠の下部に床板としてコンパネを敷いているという。

「板を敷いておけば箱罠の入り口から灰掻き棒などを使って、こびり付いた餌を掃除しやすくなります」

餌を交換する時期の目安については、餌の種類や仕掛ける場所の気候によって違ってくるが、米ぬかを使っている回答者の意見を平均すると、「２週間程度で交換する」という回答が多かった。ただし、雨が多くて濡れてしまったり、湿度が高くて表面にカビが生えてきたら、もう少し短い周期で交換するという意見が多かった。

### 餌は檻の入り口から撒き始めて段階的に奥に撒いていく

なお、米ぬかについては「腐敗よりも早く発酵が進んでいる場合は、においが強くなるため誘引効果が上がります。カビなどが生えていなければ、そのまま箱罠に入れておくこともありますが、取り出して撒き餌として箱罠周囲に移動させることもあります」（太田さん）といった回答も寄せられている。

餌を腐らせないためには、「適量を適所に置く」ことだと虎谷さんは指摘する。

「餌を撒いても初めのうちは、箱罠の奥まで獲物が入ってくることは滅多にないので、餌を置くのは入り口周辺だけにとどめてい

天井に敷く雨除けとして､藤元さんはプラダンシート(プラスチック製の段ボールシート）をよく使っている。風で飛ばないように重しを置くのを忘れずに。また、箱罠上面にトリガーや扉のロック機構がある場合、そこを避けて短めのゴムシートなどを利用する

米ぬかは雨で湿気ると喰いつきが悪くなる。土ごと掘り返して餌を交換するのは手間がかかるので、コンパネを敷いておけば掃除や交換も簡単だ

餌の撒き方は種類によって異なるが、米ぬかの場合は天井からドサドサと注ぎ込む

大型スコップを使って、放り投げるように餌を入れる人もいる。エサの匂いが拡散するからだそうだ。

ます。私は餌を３段階に分けて撒くようにしていて、入り口付近が食べられたら箱罠中央まで撒き、中央を食べるようになったらトリガーを触らせるために奥に集中して撒くようにしています」

箱罠への餌の入れ方も、米ぬかの場合は米袋などに入れた状態で檻の上からドサドサと入れることが多いようだ。サツマイモや果物類は、においを出すために半分に切って少し絞ったものを使うという意見もあった。ただし、切った果物などは腐りやすいため、丸のままの状態のものと半々で入れるという意見もあった。おからや酒粕などは単品で使うだけでなく、米ぬかと併用してにおいを強調する餌として使い分けている人も多かった。

# 55

## なぜかタヌキばかりが箱罠にかかる 避ける方法ってある？

ANSWER

**トリガーの高さや重さで調整する。タヌキの存在は悪いことばかりではない**

イノシシやシカを狙って設置したはずの箱罠猟で悩まされるのが、タヌキの存在だ。タヌキには「好機主義的雑食」と呼ばれる生態があり、目についたものは植物性でも動物性でも手あたり次第に食べるという食性を持っている。そのためタヌキは、キツネ（肉食に近い雑食）やアナグマ（植物食性に近い雑食）などに比べても、餌によって選り分けることが難しい。

タヌキは数頭の家族単位、あるいはつがいで移動していることも多く、餌のある場所を覚えると繰り返し出没する。さらに厄介なことに、タヌキはイノシシやシカに比べて圧倒的に警戒心が薄い。よってイノシシが入る前に、タヌキが箱罠の扉を落としてしまうことも多い。シカはたとえタヌキが箱罠の中で暴れていても、その横でのんびりと餌を食べていることが多いが、頭のいいイノシシはタヌキが捕らえられた姿を見て、強い警戒心を抱くようになる。ひとたび箱罠を「危険」と認識したイノシシを捕獲するのは、さらに難しくなると考えていいだろう。

では、檻に入ってきたタヌキにトリガーに触れさせないための工夫は、どのようにすればいいのか。

「蹴糸式のトリガーであれば、高めに張ることです。一般的な箱罠の檻は格子の幅が10㎝になっています。このような檻であれば、地面から4つ分上の格子あたりに蹴糸を張っておけば、イノシシやシカには引っかかりますが、タヌキのような小中型獣は避けることができます。タヌキはトリガーにひっかからないまでも、蹴糸を噛んで切ってしまうことも多いので、タヌキの目線に蹴糸を垂らさないように工夫しましょう」（虎谷さん）

シーソー式など地面に設置するタイプのトリガーについては、小林さんが説明してくれた。

「タヌキのような小中型獣を避けたいときは、踏み板の感度を重くします。具体的には、踏み板の隙間に小枝を立てかけ、小中型獣が踏んでもトリガーが落ちないような

のん気に餌を食べていたタヌキの前に、イノシシが出現。頭をしゃくり上げ「あっちにいけ！」と言わんばかりのイノシシに対して、恨めしそうな視線を向けるタヌキたち。しばらくしてタヌキはその場を去り、餌を独占したイノシシはその後あえなく御用となった

調整を行います」

タヌキを餌によって選別する方法については、どの回答者も知見を持ち合わせておらず、やはり「タヌキを避けるのは難しい」といった意見で一致していた。しかし、中には太田さんのように先にタヌキそのものを捕獲してしまうという意見もあった。

「有害鳥獣駆除でタヌキが指定されている場合や猟期中であれば、大型箱罠を仕掛ける前に周囲のタヌキを捕獲してしまうのもひとつの手だと思います。タヌキは小型箱罠でも簡単に捕獲できるし、感度の高いトリガーであればくくり罠でも十分捕獲可能です」

本命のためにタヌキを捕獲するというのは、かなり強硬手段のようにも思えるが、目的達成のためには仕方がない。ある意味、コラテラルダメージだと考えたほうがいいかもしれない。

## 餌を食べ漁るタヌキを見て イノシシが現れることも多い

捕獲したタヌキは、有害鳥獣駆除であれば殺処分を、狩猟であれば煮るなり焼くなり遠くに逃がすなり、各自で対応を考えればいい。なお、特定外来生物に指定されるアライグマやヌートリア、ミンクといった獣類は、場所を移動して放獣することが禁止されている。捕獲した場合は、ムダな苦痛を与えない方法で殺処分して欲しい。

ここまで大型箱罠における「タヌキ問題」について紹介してきたが、実を言うとタヌキの存在は必ずしもマイナスの面ばかりではないのである。というのも、タヌキが無警戒に餌を食べ漁っていると、しばらくして本命のイノシシが餌を〝横取り〟しに現れることも少なくないからだ。イノシシはタヌキの〝食べっぷり〟を遠くから見ているため、横取りした餌に対する喰いつきが驚くほどいい。次々と餌をむさぼるため、比較的すんなりと箱罠に入ってくれることも多い。

トレイルカメラの映像に映ったのん気に餌を食べるタヌキの姿はなんとも憎たらしく、つい何か対策を打ちたくなるのもわかる。しかし、本命のイノシシを呼ぶための〝きっかけ〟となる存在と考えれば、その気持ちも収まるのではないだろうか。

56

# なぜか獲物がまったく寄りつかない！理由と対策を知りたい

ANSWER

## 捕獲の様子やにおいが影響するという説もある。辛抱強く待つか早めに罠を移動させよう

箱罠猟では特にイノシシとの駆け引きは、辛抱の連続といっても過言ではない。数週間かけてようやくトリガーの目前まで誘引できたと思ったら、翌日にはまた離れた場所でジッと動かなくなってしまう。さらに次の日は箱罠に入ることなく、周囲をウロウロと歩き回り、それ以降はパタリと姿を現さなくなったというのは、〝箱罠あるある〟に他ならない。

何をそこまで警戒しているのか、思わずマイクを向けたくなるが、相手は言葉を持たない野生動物。その真相は知るよしもない。もしかすると、私たち人間には感じ取れない〝何か〟が働いているのかも。箱罠猟で獲物が急に現れなくなる現象は、獲物を捕獲した後やタヌキなどを錯誤捕獲した後によく発生するため、「それを遠くから見ていた」のが原因という可能性もある。また、一説によると捕獲された獲物から出る〝におい〟が影響するのではないかという意見もある。たとえば、タヌキやテン、アナグマ、イタチといった獣は、興奮すると肛門付近からフェロモンを分泌させる。よって、箱罠に閉じ込められて興奮した獣から出たフェロモンが、周囲の獣に警戒心を与えている可能性が考えられる。

この仮説については確かな研究データがないので、予想の範囲を超えない。しかし、オオカミやライオンといった肉食動物の尿を撒くと、しばらくの間シカなどの草食動物が寄ってこなくなる現象がよく知られており、こうした成分の液体がシカの忌避剤として販売されていたりもする。

さらに、実験室で生まれたラットにキツネの尿を嗅がせると、身を硬直させるといった「恐怖行動」を取るといった研究結果(※)がある。生まれてから外敵に出会ったことがないマウスが、においを嗅いだだけで恐怖行動をとるのはなぜなのか、とても不思議だ。この研究によると獣の排泄物に含まれる「ピラジン化合物」と呼ばれる化学物質が、一種の恐怖誘引フェロモンとなって脳の中枢を刺激し、原始的な恐怖行動を起こさせるといった結論を得ている。

箱罠で捕獲を繰り返していると、獲物がまったく近寄ってこなくなることも多い。捕獲の際に分泌されるにおいや排泄物、血液などが地面に染み込んでいるのを嫌う可能性もあるため、地面の土を入れ替えるといった工夫も必要だ

果たしてこうした〝におい〟が獲物の警戒心に影響するのかどうかは不明だが、一度でも獲物が獲れたら、箱罠の土の表面を削ぎ落として新しい土と入れ替えるといった意見もあった。もし獲物が明らかに箱罠に近寄ってこなくなったと感じたら、「箱罠に入った獲物の痕跡を消す」という対策を試してみる価値はありそうだ。

また、獲物が近寄らなくなったときの対策としては、「扉が落ちないようにロックした状態で餌を多めに撒き、獲物が再び近寄ってくるまでひたすら待つ」という意見や、「箱罠を別の場所に移動させる」という意見が回答者から寄せられたが、残念ながら決定打となるようなアイデアはなかった。

## 獲物の視点に立って五感で近寄らなくなった理由を考える

罠猟の世界には「侮ることなく、神聖視するな」という格言がある。これには、「罠にかかった獣はどんなに小さなものでも、止め刺しの瞬間は死にもの狂いで暴れるので、決して侮ってはいけない」という意味と、「獣は超能力が使えるわけではないので必要以上に神聖化せず、罠にかからない理由を探すときは科学的に原因を考えること」という2つの意味が込められているという。

私たちは野生獣の不可解な行動を目にすると、しばしば〝野生の第六感〟といった超常的な理由を想像してしまいがちだ。しかし、野生獣も人間と同様に動物である以上、そのような超常的な力を持つことは絶対にない。そこには本来であれば人間でも感じ取れたかもしれない、視覚・嗅覚・聴覚・味覚・触覚に起因する違和感が存在すると考えるべきだ。

これは箱罠猟に限った話ではないが、獲物が近寄ってこない理由を考えるときは、こうした野生獣の視点に立って五感を最大限に研ぎ澄ませて、解を求めることが重要である。

※オオカミ尿中に含まれるピラジン化合物の恐怖誘起作用に関する研究
https://kaken.nii.ac.jp/file/KAKENHI-PROJECT-26450141/26450141seika.pdf

57

# 小型箱罠で毛皮獣を捕獲したい どんな罠と餌を使えばいい？

ANSWER

## 吊り餌式やシーソー式がよく使われる。餌は甘さが強いスナック菓子なども効果的

もともと箱罠猟は、小中型獣を捕獲するために行われていたというのは前述したとおりだが、その目的は獲物の肉ではなく、〝毛皮〟に重きが置かれていた。特に明治時代後期や大正時代には、日本に住むオリエンタルな獣たちの毛皮が主にアメリカで人気を博し、タヌキの毛皮が1枚30円（現在の価値に換算すると1万4千円ほど）という高額で取引されていたという。当時の農村部における現金収入源を考えると、毛皮を得ることが非常に重要だったことは想像に難くない。

さらに、毛皮には軍需物資としての需要が大きかった。現在も続く「猟友会」という組織も、軍需物資としての毛皮を日本中から効率的に集めるために組織された帝国在郷軍人會の一組織が、そのルーツとされている。

近年は化学繊維が発達したことや、劣悪な環境で毛皮獣を飼育することへの批判などにより、毛皮の需要はなきに等しい状況だが、その美しさに魅了される人は今なお多い。そして、毛皮を傷まないように手に入れるためには、銃猟やくくり罠猟よりも、箱罠猟が最も適したスタイルだったというわけだ。

### 小型の毛皮獣を誘引する場合も餌の撒き方は大型獣と同じでいい

箱罠で毛皮を目的とした小中型獣、いわゆる〝毛皮獣〟を捕獲する方法としては、ここまで取り上げてきた大型箱罠でも可能だが、やはり小型箱罠が様々な点で扱いやすい。その構造についても、回答者からはホームセンターや通販などで手に入る「吊り餌式」や「シーソー式」を推す意見が多かった。

では、これら毛皮獣を小型箱罠に誘引するための餌には、どのようなものがあるのだろうか？

「やはり米ぬかがイノシシやシカ以外の獲物でも効果を発揮しますが、小中型獣を狙うならお菓子もおすすめです。何でも食べるタヌキはもちろん、アナグマやキツネ、

## 箱落とし

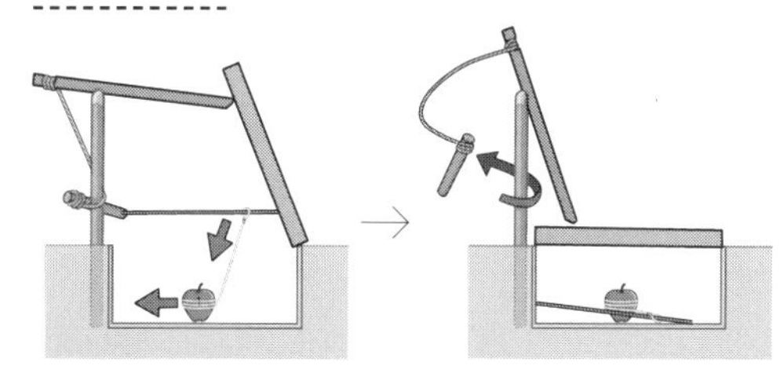

木箱を地面に埋めておく「箱落とし」の例。フタには重い石などを立てかけておき、入った獲物が飛び出さないようにする。箱の中には釘などでストッパーを打っておき、獲物が潰れないように工夫する必要がある

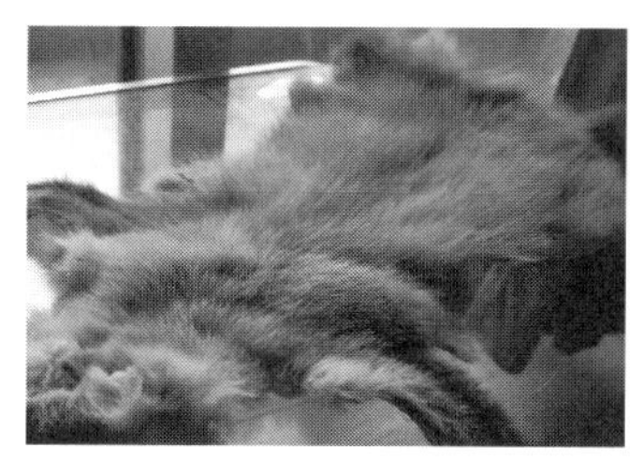

テンの毛皮。滑らかな手触りで敷物として人気が高い。あまり知られていないが、植物食性の強いテンの肉は臭みが少なく淡泊な味わいだ

## スリット式箱罠

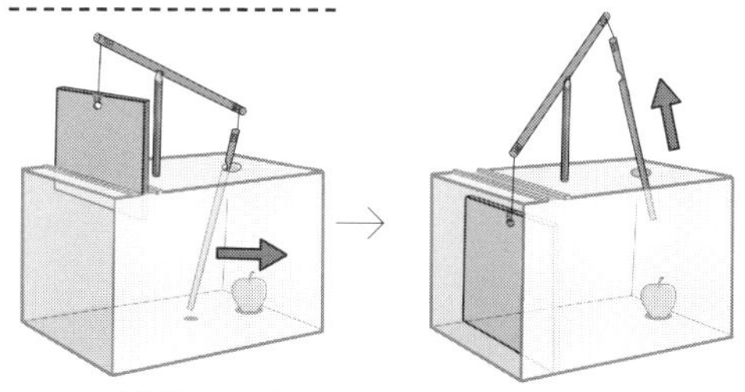

スリット式箱罠の例。獲物が棒に触れると天井との噛み合いが外れ、シーソーの要領で扉が閉まる。ミソ樽を半分に切って使う人もいる

最近は「幻のジビエ」などと呼ばれることもあるアナグマ。冬季のアナグマはプリップリの皮下脂肪を蓄えており、実は内臓（特にモツ）がとてもおいしい。毛皮もかなり上質である

テン、イタチなど、あらゆる獣が甘いお菓子に反応します。あとは菓子パンなどにも反応するので、コンビニなどで手に入るので手軽です」（山本さん）

餌の撒き方はイノシシやシカの場合と同じだ。まず広範囲に少量の餌を撒いて、誘引が確認できたら箱罠に向けて餌を点々と置き、最後にトリガーの先に多めに置く。毛皮獣も箱罠を警戒するが、イノシシやシカに比べるとすんなり入ってくる。ただし、吊り餌式は獲物の種類によって、餌の置き方に工夫が要ると山本さん。

「これまでの経験では、アナグマとヌートリアは吊るした餌に反応しないことが多い印象です。特にアナグマは地面を嗅いで餌を探す習性があるので、吊り餌式で効果がない場合はミカンネットに入れた餌を、地面に置いてフックにかけるか、餌を低い位置に吊るしておきましょう」

小型箱罠で毛皮獣を捕獲するのであれば、木製の手づくり罠にチャレンジしてみるのも一興だ。今回の回答者の中には自作するという人はいなかったが、小型箱罠は木箱と棒、ヒモを使えば自作できる。トリガーの種類も豊富なので、楽しみながらつくれるはずだ。

# 小型箱罠を設置する場所は？獣の種類ごとの違いが知りたい

ANSWER

## タヌキを狙うなら薄暗い物陰に設置する。イタチ用には専用のくくり罠もある

小型箱罠で毛皮獣を狙う場合、その捕獲方法はほぼ共通している。基本的に同じ猟具（吊り餌式、シーソー式）と、同じ餌（米ぬか、菓子類）を使えば、種類に関係なく捕獲が可能だ。言い換えれば、獲物を無作為に捕獲する〝五目猟〟でもあるわけだが、箱罠は獲物を無傷で放獣できるので、もし目的としていない獲物がかかった場合は、逃がしてやることもできる。

とはいえ、現実問題を考えると、毛皮獣を捕獲する理由は毛皮というよりも、農地や住宅の敷地に出没する有害化した獣の駆除であることのほうが多い。たとえば、イタチを捕獲する理由の大半は養鶏の保護だといわれる。イタチはその細い体でわずか数㎝の隙間からでも侵入し、獲物を見つけると手当たり次第に咬み殺すという厄介な習性を持つ。養鶏をしている人からすると、イタチはまさに〝悪魔のような害獣〟に他ならないのだ。

また、タヌキはイヌやネコと同じ指行性動物であるにも関わらず、木に登る習性を持っている。家屋の屋根に侵入してねぐらをつくることも多く、その糞尿によって天井が腐って崩落するといった問題も頻発している。同様の問題はイタチやハクビシンなどでも報告されているが、このような獣は鳥獣保護管理法によって保護されているため、たとえ被害があっても捕獲することはできない。しかし、猟期中であれば自分で罠をかけて捕獲することも可能だ。

### すみかと餌場をつなぐ通り道に罠を仕掛けて捕獲する

猟具と餌は共通していても、動物の種類によって行動パターンはやや違ってくるため、罠を仕掛ける場所にも工夫の余地がある。回答者から得た意見をいくつか紹介しておこう。

「タヌキは移動するとき、開けた場所よりも薄暗い道を通りたがります。もし家屋などにタヌキが侵入している形跡があれば、納屋の隅など物陰になる場所に罠を置くといいでしょう」（太田さん）

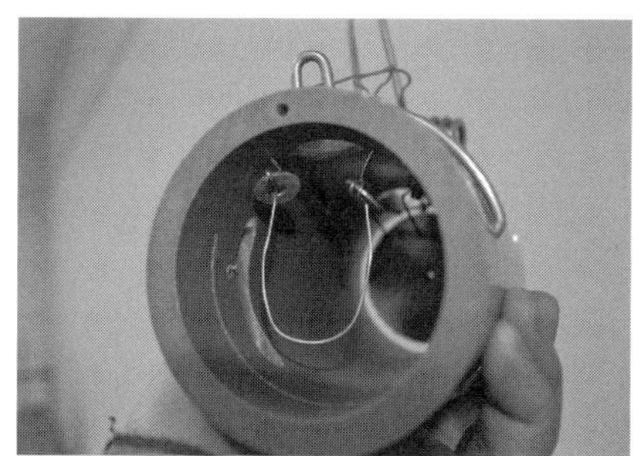
くくり罠の一種であるイタチ捕獲器。鶏小屋の隅などに小さな穴を掘り、埋めておくと効果的

茂みから続くタヌキ道。草が左右に分かれる普通の獣道とは違い、トンネル状になっているので見分けることができる

タヌキはイノシシやシカが通る大きな獣道を通ることもあるが、自分のすみかへ続く〝タヌキ道〟と呼ばれる独自のルートを持つことも多い。草がトンネル状になっているタヌキ道を見つけたら、その近くに箱罠をかけるのも有効だ。

イタチについては、山本さんから次のようなアドバイスを得た。

「イタチは狭い場所に潜り込む習性があります。そこで、タヌキなどが通れないような木の陰や、狭くなっている場所に設置するといいでしょう。ちなみに、イタチには『筒式イタチ捕獲器』という専用のくくり罠も存在します。これは塩ビ管の中に小さなねじりバネが付いた罠で、イタチが通るとトリガーが外れてワイヤーが体を締める構造になっています。イタチの通路となる穴に、あらかじめこの罠を仕込んでおいて捕獲します」

また、山本さんからはヌートリアの出没場所とすみかについての情報提供もあった。

「ヌートリアは河川敷などの水辺に潜んで、周辺の農作物を荒らしたり、畦道に穴を掘って破壊します。ヌートリアが出没する畑周辺に箱罠をかけるのが効果的と思われがちですが、周囲に新鮮な餌があるのであまり期待できません。ヌートリアのすみかである水辺の隠れた場所にニンジンなどを撒いておき、食跡があったらその周辺に箱罠を設置したほうがいいでしょう」

特定外来種であるヌートリアは、西日本、中部、北関東などで定着が確認されている。年に2、3回の出産で平均5頭を産む繁殖力の高さから、近年は被害が急拡大と生息域の拡大が懸念されている。

アナグマは木の根の間や農地の斜面、土砂に埋まった側溝などに穴を見つけたら、その近くに仕掛けるといい。巣穴にはアナグマの平べったい前足で土が押し出されたような跡が残るが、よくわからなければ穴の入り口にスナック菓子を数個置いておく。そこがアナグマが出入りする穴であれば、翌日にはなくなっているはずだ。アナグマは昼間に行動していることも多く、さらに餌を探しているときは周囲への警戒心がかなりおろそかになる。猟場を散策していると、しばしばアナグマがウロチョロしていることも多い。

59

# 全国的に被害が急拡大するアライグマを箱罠で捕獲するには？

ANSWER

## 強度のある箱罠の四隅をアンカーで固定し暴れても破壊されないように対策する

もともと北米大陸に生息していたアライグマだが、1970年代に起きたペットブームがきっかけで日本に入り、それが遺棄されるなどして野生化し、現在のように大繁殖してしまった。現在では一部の離島を除き、ほぼ日本全国で定着が確認されている。アライグマが厄介な点は、被害が他の獣に比べて広範囲に及ぶことだ。たとえば、トウモロコシや果実類の農業被害をはじめ、木造建築への侵入、家畜飼料の食害や糞害、柵やビニールハウスの破壊、養殖魚や養鶏の殺害など、被害の報告は後を絶たない。さらにアライグマは、アライグマ糞線虫やアライグマ回虫といった人獣共通寄生虫を保有している可能性もあり、海外ではこの寄生虫症による人間の死亡例も報告されている。

アライグマの生息域は十数年前までは地方に限られていたが、ここ数年で大都市圏に出没する個体も増え、2020年頃には東京23区でも被害が広がっている。

このような大都市圏に生息するアライグマを捕獲するには、くくり罠ではなく小型箱罠が望ましいのだが、アライグマを小型箱罠で捕獲するときは、ひとつ注意が必要だと太田さんは言う。

「タヌキやアナグマなどが箱罠に入るとジッとしていることが多いのですが、アライグマは小型箱罠に閉じ込められると大暴れします。しかも握力が強く手先が器用なため、トリガーやシャフトを破壊して、ロックを外して逃げることもあります。アライグマは他の小中型獣に比べても、侮れない相手なのです」

太田さんによると、「暴れるアライグマが体当たりを繰り返すことで、箱罠が坂道を転げ落ちて壊される」こともあり、小型箱罠でアライグマを捕獲する際は、まず四隅にアンカーを打ってしっかりと箱罠を固定する必要があるという。また、トリガー部分の強度が高いものを選び、破壊されたときに備えて部品の交換がしやすいタイプが望ましいという。

「アライグマには、アラホール（エッグト

アライグマ専用の捕獲器「アラホール」は、くくり罠の一種。原型は1970年代にアメリカで開発されたアライグマ捕獲器で、白いナイロン製の容器でつくられたことから「エッグトラップ」と呼ばれていた

くくり罠で捕獲することも可能だが、アライグマは木の上に登る習性があるので注意が必要だ。「何もかかっていないな」と思って近づくと、興奮したアライグマに飛び掛かられる危険性がある

罠でアライグマを捕獲する場合は、必ず転倒防止用に鉄杭などをアンカーにして固定する。周囲を岩で囲んでおくのも有効

ラップ）という専用の捕獲器があります。これは金属製の筒の中にバネが仕込んであり、筒内の餌をつかんだアライグマの手を捕縛する仕組みになっています。餌にはドッグフードやスナック菓子などを利用します。手先が器用というアライグマの特徴を利用した罠なので、犬や猫などがかかりにくいといったメリットがあります」（太田さん）

## 外来生物を繁殖させた責任は私たち人間にあるという事実

どうしても〝悪者〟というイメージがつきまとうアライグマだが、そもそも日本国内に持ち込んだのは、私たち人間だということを改めて思い返して欲しい。アライグマが日本で繁殖するきっかけとなったのは、ペットとして飼ったものの手に負えず、野に放った無責任な飼い主の問題なのである。また、現在都市部に姿を現すようになったのも、野生化したアライグマを餌付けしたことが大きな原因のひとつと考えられている。

このような問題はヌートリアやミンク、キョン、タイワンリスといった外来種全般に言えることでもある。もはやここまで増えてしまった外来種に対して打つ手は限られているが、大切なのは再び同じような〝負の遺産〟を未来に残さないことだ。外来生物だけでなく、野生動物には絶対に餌を与えないという意識を持つことが求められている。

60

# 囲い罠とは何ですか？特徴と使い方も知りたい

ANSWER

## 一度に多頭捕獲することができるが効率と費用対効果には疑問が残る

囲い罠は法定猟法の一種であり、箱罠とは異なる猟具として位置づけられる。構造は単純で、四方を金柵などで囲って上部は開放されており、総じてイノシシやシカを数頭から十数頭の群れで多頭捕獲する目的で使用される。囲い罠は有害鳥獣駆除や都道府県が公共事業として実施する管理捕獲に用いられる罠であり、個人がレクリエーションとして行う狩猟で使用されることはほとんどない。

管理捕獲の一環として、囲い罠を取り扱ったことがあるという小林さんは次のように話す。

「囲い罠は行政が試験的に導入することはありますが、個人的に所有するといった話はあまり聞きません。理由としては、猟具が高価すぎるという点が大きいと思います。囲い罠自体は各罠猟具メーカーから発売されていて、インターネット通販でも買えますが、金額が数十万円規模になり、設置に人件費もかかります。大型箱罠サイズの囲い罠もありますが、天井がないので獲物が逃げ出すことも多く、それならば箱罠を使ったほうが、はるかに捕獲効率が高いと思います」

大型の囲い罠は本体の金額の高さだけでなく、トリガーも大きなネックとなる。箱罠なら蹴糸やシャフトによるトリガーが使えるのだが、四方の幅がそれぞれ5ｍ近くある囲い罠ではそうもいかない。そこで、最近はIoT（モノのインターネット）の技術を活用したセンサー式や遠隔操作式のほか、扉を通過した個体数をカウントして、一定の数が入ったら扉を閉めるようなトリガーも利用され始めている。もちろん、こうした仕掛けは非常に高価になるうえ、動作不良を起こす可能性もある。さらに大型の囲い罠の設置や移設作業には、それなりの人出が必要になるのもハードルだ。

「大型の囲い罠は、止め刺しすることを考えられていないものが多いと感じます。もちろん銃を使えば、逃げ回る獲物を仕留めることはできます。しかし、銃禁エリアに

藤元さんの地元に設置された大型囲い罠。捕獲実績は高いのだが、やはり慣れの問題は大きく、年々捕獲数は落ちているという

太田製作所製のネット式囲い罠。実証実験開始から半年かけて80頭以上のイノシシを捕獲したという。しかし、太田さんの住む嬉野市にはシカがいないことから、シカに対しての知見はまだまだ足りていないそうだ

設置した場合は銃を使えません。弾が金柵に当たると、柵の破損や跳弾のリスクも生じます」（山本さん）

囲い罠には〝群れ〟を一網打尽にできるというメリットがあるが、小林さんと山本さんの話を聞く限り、効率を考えると費用対効果には疑問も残る。特に個人で有害鳥獣駆除を行う場合は、機動性に優れたくくり罠と、定点的に捕獲ができる箱罠を併用するのが現実的といえる。

## ネットと単管パイプでつくる新たな囲い罠も登場

問題も多い囲い罠だが、最近は新しい試みが進んでいると太田さんは言う。

「太田製作所では、ネットと単管パイプを使った囲い罠の実証実験を行っています。この囲い罠は、もともとアメリカで開発された罠ですが、実際に日本で使ってみたところ、入ってきたイノシシの半数近くが逃げてしまうといった結果でした。現在、1頭も逃さないように改良を加えて販売も始めています」

このネット式囲い罠は、ネットが内側に折れ曲がった袋状なので、外から侵入できても内側からは逃げられないという。柔軟性の高いネットを使用することでイノシシの突進力を吸収し、さらに銃による止め刺しでも跳弾のリスクが低く、移設もしやすいといった特徴がある。

ただ、ひとつ欠点があり、シカに対してはまだまだ改良の余地が残されているという。実際に太田製作所のネット式囲い罠を導入し、シカの捕獲実験に係った小林さんは次のように話す。

「和歌山森林管理署でネット式囲い罠によるシカの捕獲実験を行ったのですが、デフォルトの状態ではシカを捕獲することができませんでした。一応、現在は上面にもネットを張り、いわゆる箱罠の形態で運用したところ、シカの捕獲実績が上がりました。しかし、まだ捕獲数は十分ではないので、こちらでもさらなる改良を考えている段階です」

# 「見回り」の疑問

61

# 見回りの際に注意するポイントは？何時頃に見回りをすればいい？

ANSWER

## 早朝に見回りをするのが理想的だが難しければ箱罠を使うという手もある

罠を設置したら、翌日から罠の見回りをする必要があるわけだが、見回りのタイミングや時間帯については、「その人の生活スタイルによって決めればいい」ということになる。サラリーマンとして働きながら平日も罠猟を行っている溝曽路さんは、次のように話す。

「私は朝の５時頃から見回りを行い、獲物がかかっていた場合はその場で止め刺ししますが、それでも所要時間２時間程度です。それから家に戻って、身支度を済ませて出社します」

溝曽路さんは基本的に自分で獲物の解体はしない。捕獲した獲物は近所にあるジビエ解体施設に持ち込んで買い取ってもらうか、同施設に併設されている処分場に引き取ってもらうようにしている。これによってかなりの〝時短〟が可能になっているという。サラリーマンとの兼業で平日も罠を仕掛けるというスタイルを考えている人は、あらかじめ獲物の解体や処理方法について、考えておくことがポイントといえるだろう。

なお、自分で解体したいが朝は時間の確保が難しいという人は、猟期中であれば内臓だけを抜いて木に吊るして冷却保管するという方法もある。気温が日中でも５℃を下回るような場所であれば、納屋に吊るしておくか、屠体に通気性のいい不織布などを羽織らせておけば、丸１週間ほど放置しておくこともできる。また、猟期外の季節でも沢に沈めた状態で屠体を冷やしておき、仕事帰りに解体を行うという人もいる。どうしても解体まで手が出せないが肉は欲しいという人は、地元の猟師さんにお願いして解体を代行してもらうという手もある。

### 帰宅途中に見回りするなら通勤経路の動線上に罠をかける

見回りのタイミングについては、ほとんどの回答者が「早朝に行う」と答えたが、その理由は「イノシシは夜間に、シカは日の出前と日没前に動きが活発になるので、やはり早朝に見回りをするのがベストだと思います」（溝曽路さん）というものだ。

溝曽路さんの住む美作市近隣には、民営のジビエ解体処理施設なども増えているそう。こうした情報は罠猟を行う前に調べておくようにしよう

日中でも5℃を下回る環境であれば、屠体や骨付きの状態の肉を野外に放置しておいても腐る心配は少ない。ただし、軒先に吊るす場合は粉塵が付かないように養生し、タヌキなどの小動物に狙われないように高めに吊るしておく

しかし、どうしても早朝の時間の確保が難しい場合は、仕事場から自宅までの動線上周辺で罠を仕掛け、帰宅途中に見回りをするという手もある。

ただし、夜間に見回りをする場合はヘッドライトなどの照明器具は必携だ。暗さで獲物の発見が遅れてしまわないように、明るい時間帯以上に注意深く見回りをする必要がある。なお、夜間は発砲が禁止されているので、銃による止め刺しができないという点も理解しておこう。

もうひとつ、仕事帰りに見回りをするケースでは、くくり罠は罠にかかってからの時間の経過によって、ワイヤー切れや足切れといったトラブルの危険性が高くなるため、箱罠を使うという選択肢もある。仕事帰りに箱罠の見回りを行って、もし獲物が獲れていれば他の箱罠の扉をロックして休止させておき、翌朝に止め刺し、放血、内臓出しまでやって、仕事帰りに解体を行う。そして翌々日の早朝に、休止させておいた箱罠を再起動するといったパターンだ。こうして箱罠猟をやりながら、あらかじめくくり罠を休止させた状態で設置しておき、休日前にはくくり罠も起動させるという〝両刀づかい〟のハンターもいる。

ライフワークバランスという点で参考になるのが、山本さんの回答だ。

「私はフリーランスでプログラミングやデザインなどの仕事をしているので、作業はどうしても夜間に及びます。そこで、見回りや止め刺しは早朝ではなく朝の7～9時頃に行い、日中は狩猟関連の時間に充てるようにしています」

山本さんは有害鳥獣の駆除も行っており、これもひとつの収入源となっているという。駆除による報奨金は市町村によって大きく変わるが、令和5年の時点では国から支給される報奨金がシカ、イノシシ1頭7千円、地方自治体によってはさらに加算金があり、1頭あたり1万5千円から2万円近くになっていることもある。最近は副業解禁や在宅勤務を奨励する会社も多くなっているので、罠猟を本格的に始めたいと考えている人は、思い切って〝副業猟師〟というスタイルを検討してみるのもいいかもしれない。

# 62

# 見回りを効率的に行う方法は？大雨で見回りができないときの対応は？

ANSWER

**効率的に回れるルート設定を考える。悪天候のときは無理して見回りはしないこと**

見回りの〝頻度〟は鳥獣保護管理法などで回数や時間帯などが規定されているわけではないが、罠猟においては「1日1回以上」が原則だ。これは錯誤捕獲が発生していた場合に速やかに放獣を行うためであり、獲物の斃死、足切れ、ワイヤー切れなどを防ぐためであり、罠にかかった獲物を長く苦しめないというアニマルウェルフェアの意味合いもある。

そんな見回りの手間と負担を、できるだけ軽減するためのアイデアはないのだろうか？

「やはり見回りが〝しやすい〟ように罠を設置することが大切です。どんなに獲物が多そうな場所でも、自宅からの距離が離れていると急用が入ったときなどに対応できなくなります。また、車を止める場所からなるべく近いというのも必須です。徒歩数分以内の場所なら、獲物の引き出しも楽です。あとは空ハジキによる罠の再設置の手間を減らすために、トリガーを重めに調整したり、スネアが締まる速度を高速化させる工夫もしてください」（溝曽路さん）

見回りや引き出しを効率的に行うには、罠をかける場所を自由に選べる小林式誘引捕獲などの方法も有効だが、太田さんからはこんなアドバイスもあった。

「見回りのルート設計も大切です。たとえば、先が行き止まりの林道の最奥部などに罠を設置すると、どうしても往復しなければなりません。できれば山をグルリと周回する道沿いに設置するなど、効率的なルート設計を考えましょう」

## バックアップしてもらえるように普段から他の猟師とも交流する

全国的に異常気象の発生が増えている昨今、大雨や大雪といった予期せぬ気象状況によって見回りが困難になるケースも少なくない。こんなときはどのように対応すればいいのか。これに対しては全員が「悪天候時の見回りは中止する」という回答で一致していた。

「雨や雪の日は山道が滑りやすくなり、車

朝7時頃から見回りを行うという山本さん。できるだけ車に乗ったまま
見回りが行えるような場所に罠をかけることで、時短しているそうだ

の脱輪や滑落といったリスクが高くなりますから、絶対に無理してはいけません。かかった獲物を苦しませるのは心苦しいですが、そこは自分の身の安全を最優先してください」（溝曽路さん）

気休めかもしれないが、昔から「天気が大きく崩れる予兆があると、野生動物はあまり動き回らなくなる」と猟師の間ではいわれており、そもそも悪天候時の捕獲率は高くはない。これは気圧の変化による「気象病」が主な原因と考えられており、人間だけでなくイヌやネコなどのペット、ブタやウシといった家畜類も、急激な気圧の変化によって体の動きが悪くなるという。もし天気が大きく崩れる予報が出ていれば、その前に罠を解除しておくのが無難かもしれない。

一方、急用ができてどうしても見回りの時間が取れないという状況も想定されるが、小林さんは次のように回答する。

「見回りは罠を設置した本人が行うことが原則ですが、どうしても難しい場合は他の人に依頼するしかありません。こういったトラブルに備えて、日頃から他の猟師さんと交流を持ち、バックアップしてもらえるようにしておくことも大切です」

所用で数日間留守にする場合は、罠の鑑札を他の罠猟師と交換するという手もある。同じ猟具でも罠は銃とは異なり、鑑札を付け替えて罠を他人と〝シェア〟しても問題はない。実際に罠猟を行う人の中には、数人で見回りを交代制で行う〝グループ罠猟〟を行う人もいる。それぞれが空いている時間をクラウド型のスケジュール表で管理すれば、予定も立てやすくなるという。ただし、グループ罠猟では、あらかじめ猟果の取り分などをルール化しておく必要もある。特に有害鳥獣駆除で報奨金が出る場合、見回りをした人への手当などに取り決めを設けておくことが、トラブルを避けるポイントになるという。

また、農業被害を防ぐために仕掛けた箱罠などでは、地元の人に見回りをお願いする場合もあると思うが、そんなときはジビエのお裾分けや手土産を持ってお礼にいくことも忘れてはいけない。

# 63

# 見回りの際に心得ておくことは？ 注意すべき点も教えて

ANSWER

## 捕獲のない日が続いても絶対に油断せず 高い場所から遠目に様子をうかがう

罠をかけてから数日間は、見回りもなかなか楽しいものだ。「獲物がかかっているかな？」と罠を設置したポイントを見て回るのは、プレゼントの箱をひとつひとつ開けていくようなドキドキ感がある。ところが、それが１週間、２週間と続くと、次第に当初のような楽しさは薄らいでいく……。しかし、このような場合でも油断してはいけない。どんなに獲物がかからない日が続いても、「今日は獲物がかかっているかも」という緊張感をもって見回りをするようにしよう。

見回りをするときに注意すべき点について、日和佐さんは次のように話す。

「罠を設置したポイントに近寄るときは、必ず遠目から様子を伺います。特にくくり罠の場合は、獲物の死角から急に罠を設置したポイントに入ってしまうと、獲物と鉢合わせして反撃を受ける危険があります。また、坂道にくくり罠を設置した場合は、坂の上から見回りをするようにしましょう。罠にイノシシがかかっていた場合、坂の下から近づくと突進に加速がつき、ワイヤーが切れるリスクが高くなります」

山の斜面に連続してくくり罠をかけているような場合も、最初に尾根まで登って上から見回りを開始する。日和佐さんが言うように、上り坂ではイノシシが突進する威力が落ちるからだ。ただ、坂の上から近づいたものの、足を滑らせて獲物の目の前まで転げ落ちたという事故例も実際に報告されている。雨が降って地面がぬかるんでいるような状況では、坂の下から様子を見て、相手を興奮させないように少しずつ近づくといった臨機応変な対応が求められる。

### 箱罠に近づくときは 助走距離の短い側面側から

箱罠の場合も、見回りをするときには近づく方向に注意が必要だ。

「箱罠に近づくときは、扉がない側面側からゆっくりと歩いていきます。一般的な箱罠は長方形をしていて、扉がある正面方向は助走距離が長くなるので、もし大型のイ

茂みや倒木が多い場所にくくり罠をしかけたときは、特に注意して見回りをしよう。障害物の陰から巨大なイノシシがヌッと顔を出すこともある

ノシシやクマがかかっていた場合、扉側から近寄ると猛烈な突進を受けて、扉が破壊される危険性があります」（藤元さん）

また、生い茂った草木が邪魔になって、遠目からだとくくり罠をかけた場所の全景が確認できないこともある。

「最低でも、根付をした木の様子を遠目から確認してください。根付をした木が折れていたり引き抜かれている場合は、周辺の木に獲物が絡まっている可能性があります。根付した木に異常がなければ、次にリードの様子を伺います。リードが不自然に動いている場合は、スネア側に視線をたどっていき、その原因がスッポ抜けなのかそれとも獲物がかかっているのか確かめます。メスジカや小ジカは、こちらの存在が視認できた時点で必死に大暴れしますが、オスジカはその場に伏せたままジッとしていることもよくあります。また、タヌキやアライグマ、アナグマのような小中型獣がかかっても、同様に暴れずにジッとしていることが多いです。暴れているような音がしないからと不用意に足を踏み入れると、物陰から獲物が飛び出してきて足を咬まれるかもしれないので、リードの異変は近寄る前に必ず確認してください」（山本さん）

イノシシがくくり罠にかかっていると、大抵の場合は逃げようとして突進を繰り返すため、遠くからでも音や気配で判断することができる。しかし、夜間に罠にかかったイノシシは暴れすぎて、日中は疲れ果てて眠っていることも多く、そんなときはまったく音を立てない。やはり音や気配がないというだけで、目視せずに勝手に獲物の有無を判断するのは避けなければならない。

64

# 罠猟の見回り時に携行しておくべき道具にはどのようなものがある?

ANSWER

## 保定と止め刺しの道具一式を準備し できれば代替方法も複数用意しておきたい

獲物がいつ罠にかかるかわからない罠猟では、何の準備もせずに惰性で見回りをしていたところ、突然、大きな獲物がかかっていて大あわてしてしまったという話も少なくない。「泥棒を捕らえて縄をなう」ということわざのように、事が起こってからあわてて準備したのでは、道具を取りに戻っている間に獲物に逃げられたということだって起こり得る。いかなる状況にも対処できるように、事前にしっかりと装備をそろえておこう。

見回り時に必要なアイテムは、止め刺しをいつ行うかによって違ってくる。たとえば、見回りの際に獲物がかかっていてその場ですぐに止め刺しをするのであれば、止め刺しに使う道具一式を車に積んでおく必要がある。朝は見回りだけで止め刺しは仕事が終わってから行うというのであれば、一旦自宅に帰ってから必要な準備を整えることもできる。このあたりの対応は、それぞれの狩猟スタイルによって判断して欲しい。

### あらゆる状況に対応できるように何種類かの止め刺し手段を用意

では、あらかじめ準備しておく止め刺しの道具だが、溝曽路さんは「1種類ではなく複数の手段を準備しておくことが望ましい」と話す。

「罠にかかったのが、イノシシかシカかで止め刺しの難易度は変わります。さらに獲物が広い範囲を動き回れる状態なのか、それともワイヤーに絡まって動けなくなっているのかなど、状況も様々です。あらゆる状況の止め刺しに対応できるように、私はメインの手段をひとつだけでなく、何種類かの止め刺しの手段を用意するようにしています」

溝曽路さんは、メスジカや小ジカといった危険性の低い獲物に対しては、鳶口(とびぐち)と呼ばれる道具で頭部を叩いて気絶させてから、ナイフで止め刺しするという。しかし、相手がイノシシやオスジカの場合は基本的に銃を使って止め刺しするが、銃が使えないような状況では、鼻くくりなどの保定道具を使って獲物を拘束してから止め刺しするという。

「止め刺しに電気ショッカーを使う人もいますが、雨天時には感電の恐れがあって使えないことを考慮して、代替手段を用意しておきましょう」（溝曽路さん）

実際には猟場の多くが自宅から近いため、溝曽路さんはどんな獲物がかかっているのかを確認してから、その獲物に見合った止め刺し道具を取りに戻ることが多いという。ただし、家族や知り合いが止め刺しに必要な道具を持ち出していることもあるため、その場にある道具の中からすぐに止め刺しの代案を導き出せるように、パターンを組んでいるとのことだ。

## 誘引捕獲や罠の場合は追加の餌も用意しておきたい

自身が考案した誘引捕獲をメインで行う小林さんは、「道具だけでなく餌も用意しておく」と話す。

「誘引捕獲では、餌は食べられているのに罠を踏んでいないこともあるので、見回りのときも追加の餌を用意しておきます。あとはくくり罠が獲物に破壊されたときのために予備のくくり罠を数個と、ワイヤーロープを切断できるハンディタイプのワイヤーカッターを準備しておきます。遠目からくくり罠の様子を確認するための双眼鏡も、あると便利ですね。車を止める場所から罠をかけた場所が近ければ、これら道具は車に置いたままで、止め刺し用のナイフと棍棒を持って見回りをしています」

箱罠猟の見回りに必要な道具については、藤元さんが回答してくれた。

「イノシシを拘束するためのアニマルスネアとナイフなどの止め刺し用道具、空振りに備えて追加の餌、そして10リットル程度の水を車に積んでいます。これは止め刺し時に靴の裏に付いた血や手洗い用、箱罠の洗浄用として使います」

山本さんは必要な道具以外にも「やっておくべきことがある」と、注意点についてアドバイスする。

「見回りをするときは、家族や仲のいい猟師仲間などに、『どのあたりにいくのか』『何時に出かけて、何時に帰ってくるのか』を伝えておくようにしています。見回りではいつ獲物から反撃を受けるかわからないし、予期せぬアクシデントもないとは限らないので、万が一山の中で動けなくなったときのことを考えて、こうした情報を伝えておくことも大事です」

罠猟で獲物から反撃を受けて亡くなった事故では、発見が遅れて出血死に至ったケースも少なくない。見回り時は車から少ししか離れていない場所であっても、携帯電話は必ず携帯しておこう。また、万が一に備えて止血用の救急キットなども携帯しておくことが望ましい。あまり大がかりな装備だと、ついつい車の中に置きっぱなしになってしまうので、イスラエルバンテージ（エマージェンシーバンテージ）というポケットに収納できる止血道具だけでもいい。

なお、こうした場所と帰宅時間の伝達や、止血帯など最低限の救急用具の携行は、狩猟に限らずアウトドアレジャーにおける基本と考えてもらいたい。

65

# 罠に付ける発信機は効果的？どんな種類がある？

ANSWER

## 効果的だが過信するのは危険。新しい技術を利用した機器も登場している

罠猟を行うハンターが一度は試してみたくなるのが、発信機（動物生体発信機）である。箱罠であれば扉に、くくり罠であればよりもどしやリードに、発信機の先端を結ぶなどして、箱罠の扉が落ちる、あるいはくくり罠に獲物がかかって引っ張ると、マグネットが外れて罠が作動したことを、特定周波数の電波を発信して知らせるというのが基本的な仕組み。ハンターは専用の端末を持ち、電波を受信するとモニターに番号が表示されたり、特定の音が鳴ることで、どの発信機に獲物がかかったのかを知ることができる。

山中では無線の電波はそれほど遠くまで飛ぶわけではないため、端末を車に積むなどして猟場内の林道を回って電波を拾う必要があるが、わざわざ車を降りなくても獲物がかかっているかどうかを確認できるため、見回りの負担を大きく削減することはできる。

こうした無線を使った端末は長く違法（電波法違反）とされていたが、2017年に電波法が改正されて、『ARIB STD-T99』という規格に則った製品に限り使用が認められるようになった。

回答者の中にも、発信機を実際に使った経験のある人が複数いたが、「非常に便利」という意見と「過信は禁物」という意見の両方があった。

「発信機は便利ですが、電池切れによって電波が飛んでこないことがしばしばありました。また、見回りは決して『獲物がかかっているか否か』だけを見ればいいという話ではありません。特に箱罠の場合は、餌の食み跡や周囲に残された足跡などで、猟場の変化を読んでそれに応じた対策を考えていく必要があります。やはり自分の目で1日に1度は、罠の状態を確かめることが欠かせないと思います」（虎谷さん）

また、くくり罠で発信機を使ったことがある小林さんは次のように話す。

「発信機はあくまでも補助器具であり、過信するのは危険です。特にくくり罠は、暴発による空ハジキを起こした場合はマグ

ネットが外れないため、電波が飛んできません。また、発信機は1台5千円ぐらいするため、くくり罠ひとつひとつに装着するのは、コストと手間の両面で現実的とはいえません」

## 携帯電話回線を使うタイプやLINEで連絡がくるタイプも

罠の発信機には電波式が多かったが、最近は携帯電話回線を利用したタイプなども普及し始めている。これは原理的には電波式発信機とほぼ同じだが、罠が作動した情報を携帯電話回線（4G-LTE）でサーバーに送信し、登録されたユーザーに通知するといった仕組みになっている。ユーザーにはパソコンやスマートフォンで通知が届くため、実際に使用したことがある山本さんは「ソラコムというメーカーの発信機はLINEで通知が届くので、意外と便利でした」と、使った印象を評価する。

また、LPWA（Low Power Wide Area）という技術を応用した発信機も登場している。これは罠に接続する複数の子機と1台の親機がセットになっており、獲物の動きを感知した子機は、親機とLPWAで通信を行う。LPWAの最大の長所は省電力性に優れたシステムであり、子機は一般的な電池で10年以上稼働するため、電池切れの心配がほとんどない。さらに子機自体は1台数百円と安いため、多数のくくり罠を仕掛けた場合も、コストを気にせずに運用することが可能だ。

欠点としては子機と親機の通信範囲が狭いため、親機を野外や地元の人の敷地内に置かせてもらう必要がある。また、携帯電話回線を利用する都合上、携帯電話のデータ通信料とシステムの維持管理にランニングコストが必要となる。

以上のような発信機の数々は、今後の通信技術の進歩や需要の増加によって、ますます使いやすく便利になってくると予想される。しかし、虎谷さんが話すように、見回りで野生動物の痕跡を読み、五感で得た情報で経験値を上げていくのが、罠ハンターとしてのあるべき姿だということも忘れてはいけない。

余談だが、昔ながらの罠猟師の中には、自宅や道路から見える木の枝に目立つ色の〝木の札〟をかける人がいる。この木の札はワイヤーとチンチロを使って箱罠の扉やくくり罠に連結されているため、獲物がかかると木の札が落ちて、どの罠に獲物がかかったのかが遠くから視認できるという仕組みだ。かなりアナログな仕組みだが、便利さに頼らずに自分の頭で考えて工夫をする術もあるということに、改めて気づかされる。

LPWA通信を利用した発信の例。親機はソーラーパネルで電力を得る。子機のマグネットが外れると親機にデータが送信され、インターネット回線を利用してメールで通知が届く仕組みだ

66

# トレイルカメラはどう選ぶ？設置する際の注意点は？

ANSWER

## 現場で確認できる1万円台のものも登場。耐久性は1～2年での買い替えが前提

トレイルカメラ（センサーカメラ）は、赤外線センサーを搭載しており、熱を発する物体（獲物）が感知エリア内に入ると、外気温との温度差を感知してシャッターが作動する仕組みになっている。撮影方式は機種によって様々だが、最近は動画撮影できるタイプが主流となっており、感知エリアの広さや感知センサーの感度などは機種によって異なる。価格もバラつきが大きく、10万円近いハイエンドモデルから、1万円台のリーズナブルなモデルまで多種多様だ。

このように選択の幅が広いトレイルカメラを罠猟に使う場合、どのようなタイプを選べばいいのだろう。

「機能的には1万円程度のタイプで十分だと思います。トレイルカメラにはモニターが装備されているタイプとされていないタイプがありますが、現地で獲物の種類や動きを手軽に確認できるので、初めて使うならモニター付きがおすすめです」（山本さん）

モニター付きのトレイルカメラは大手ECサイトでも取り扱いがあり、1万円台のものは中国のメーカーなどから多数のモデルが販売されている。これらは外側とインターフェイスが違うだけで、基幹システムはほぼ同じものが使われているので、値段の安さで決めてもいいだろう。

なお、モニター付きタイプは現地で撮影した動画をその場で確認できるのがメリットだが、電池の消耗が早いというデメリットもある。さらに、構造が複雑になっているため故障も多く、1～2年で動かなくなってしまうことも珍しくない。ただ、価格が安いので猟期ごとに買い換える前提で考えておいたほうがいい。

画質については、「1920×1080P フルHD」で撮影ができるタイプが、獲物の様子や踏んだ場所などが確認しやすい。「4K撮影」対応モデルも登場しているが、さすがに罠猟にはオーバースペックだ。他にトリガースピードやFOV（視野角）、最短リカバリー時間といったスペックについても、罠猟で使用する場合はそこまで高性能である必要はない。1万円台でも問題なく

モニター付きトレイルカメラ。価格は1万円台。その場で撮影した動画を確認できるが、電池の消耗が激しく、故障が多いのがデメリット

罠ハンターがよく使うブッシュネル製のトレイルカメラ（トロフィーカム）。価格は3万円台。モニターでの動画確認はできないが、電池の持ちがよく信頼性が高い

使えるスペックを持っている。

もう少し機能にこだわりたければ、山本さんは次のようなモデルもあると言う。

「トレイルカメラにはノーグローライトと呼ばれる、動物に見えない波長の赤外線を照射するタイプもあります。警戒心の強いイノシシなどはカメラの発光に驚いて近寄ってこなくなることもあるので、こうしたタイプを選択するのもいいと思います。また、猟場全体を広く撮影したい場合は、有効範囲が広い少し高価なモデルを選んだほうがいいでしょう」

## モニターがないタイプのカメラは現場で確認する手段を用意する

モニターがないタイプのトレイルカメラは、耐久力が高い反面、いちいちメモリーカードを差し替えてパソコン上で確認しなければならないという煩わしさがある。罠猟ではその場で状況を確認して罠の設置個所を変えたり、調整をしたいときも多いので、このタイプのトレイルカメラを利用するのであれば、タブレットやスマートフォン、メモリーカードリーダーなどを用意して、現場で確認できる環境を整えておくといい。トレイルカメラではSDカードかmicroSDカードが使われる場合がほとんどだ。

また、トレイルカメラの多くは「AVI」という動画形式で撮影するため、スマートフォンにはあらかじめ対応した動画再生アプリをインストールしておこう。有名なところでは「VLCメディアプレイヤー」というアプリがおすすめ。なお、トレイルカメラで撮った動画をLINEやTwitterといったSNSにアップする場合、AVIを「MP4」という動画形式に変換する必要がある。携帯電話回線を利用して、撮影した写真や動画を自動送信してくれるトレイルカメラも発売されていて、価格は7万円以上となかなか高価だが、発信機の代わりに箱罠に仕掛けておくこともできる。

# 67

# トレイルカメラを設置する場所と注意点が知りたい

ANSWER

## 高めに設置しカメラの頭を傾けるのが基本。撮影方向の目印となるものも同時に映す

罠にトレイルカメラを設置する場合、まずその目的を明確にしておく必要がある。たとえば、「獲物が猟場のどのあたりを歩いているのか」「特定の獣道をどんな動物が歩いているのか」「獲物がどの位置に足をついているか」など、くくり罠を仕掛けるために知りたい要素によって、カメラを設置する場所も違ってくるからだ。

これは箱罠の場合も同様で、「箱罠に誘引されている獣の種類と数を知りたい」のか、それとも「入り口付近の獲物の動きを見たいのか」、あるいは「トリガー付近の動きを見たいのか」によって、当然のようにカメラの設置個所が変わってくる。このようにトレイルカメラを設置する目的を決めておかないと、単に動物たちが映っている映像しか撮れないため、〝罠猟に活用する〟ための情報として価値が薄まってしまうわけだ。

トレイルカメラの設置方法について、小林さんは次のように回答する。

「獲物の存在をざっくり知りたいのであれば、そのエリアから15～20m離れた木の幹の、人間の顔の高さである1.7mくらいの位置にトレイルカメラを設置します。この配置であれば、そのエリアにイノシシやシカのような大型獣が出没すればカメラが作動します。特定の獣道を歩く動物を知りたい場合は、同じ場所に設置したカメラの頭を傾けてセットすることで、近い範囲を撮影することができます。箱罠や誘引捕獲で獲物が餌を食べているときの反応などをピンポイントで見たいときも、同様にカメラを高めに設置して頭を傾けるようにしてセットするのがポイントです。なお、トレイルカメラは温度差がトリガーになるので、なるべく日の当たらない場所に向けるようにしましょう。直射日光が当たると木の葉の揺らぎで誤動作を起こし、電池とメモリーの消費が早くなります」

トレイルカメラを高く設置するのは、カメラの存在が獲物に警戒心を与えないようにするためだが、獣がカメラの存在を気にするのかどうかについては意見が分かれる

トレイルカメラは地面から高い位置に頭を傾けて設置するのが基本。カメラの頭には石や枝などを挟んで傾斜をつける

ところだ。

実際に映像を見てみると、カメラを見ても何食わぬ顔で餌を食べるイノシシがいる一方で、カメラが起動した瞬間に驚いた顔で体を反転させるイノシシもいる。大型イノシシになるほどカメラに対する警戒心が強くなる傾向はあるが、個体によって反応はまったく違う。小林さんは神経質なイノシシに出会ったときは、木に登ってかなり高い位置にカメラを設置しているとのことだった。

## 盗難防止のためには カモフラージュしておくのも有効

カメラを設置するときの注意点として、次の山本さんのような指摘もある。

「カメラを設置するときは、まずカメラを固定する木の後ろ側に回って、撮影したいポイントにカメラが真っすぐ向いているか確認をしてください。このように設置しないと、カメラがまったく見当違いの方向を撮影してしまうことがあります。その際、目印となる木や石を同時に映すようにします。撮影した映像と猟場を見比べるときに目印がないと、どの位置を獲物が動いているのかよくわからなくなります。目印になりそうなものがなければ、木にテープを巻いたり杭を打っておくといいでしょう。トレイルカメラは付属のバンドを利用して木に縛り付けますが、できる限りしっかりと締めつけてください。カメラの頭を傾けるときは固定した後に、小枝などをねじ込むようにして傾斜を調整します」

トレイルカメラの頭を傾けるには、カメラにユニバーサルジョイントが付いた三脚を装着して、三脚自体をマジックテープで木に固定し、傾斜を三脚のジョイント部で微調整する方法もあると、小林さんが教えてくれた。

トレイルカメラは野外で使用するため、防塵・防滴仕様になっているが、長く使っているとゴム部分が劣化して雨水などが入り込むこともある。これを防ぐためにはハウジングを付けるのも有効だ。また、トレイルカメラの異物感を消すために、カメラに木の皮や小枝を張り付けてカモフラージュする人もいる。動物への効果のほどは不明だが、高価なトレイルカメラの盗難を防ぐという意味では、多少効果はあるかもしれない。

# トレイルカメラに映った情報はどのように役立てればいい?

ANSWER

## 自分の推測と事実との答え合わせと見回りのモチベーション維持にもなる

トレイルカメラで撮影した映像は、ただ単純に眺めているだけでは意味がない。そこに映った獲物の動きを分析し、罠猟に活かすことが大切だ。では、回答者たちは撮影された映像を、具体的にどのように活用しているのだろう?

「見つけた痕跡によって自分が推測したことと、実際に起こったこととの〝答え合わせ〟に映像を使っています。初心者の頃は、『罠も作動してないし、足跡もなさそうだから獲物は通らなかった……』と思っていた場所も、あとからトレイルカメラの映像を見ると実際は獲物が通過していたということが、よくありました。映像を確認したあとに猟場を改めて観察してみると、それまで目につかなかった場所に痕跡が残っていたりして、とても勉強になりました。現在も、獲物が罠を踏まなかった原因は警戒されたのか、運が悪かったのか、設置場所が悪かったのかといった分析や、箱罠の餌には興味を示したのかという答え合わせの材料として、トレイルカメラの映像を活用しています」(山本さん)

箱罠や誘引捕獲の場合、映像なら同一個体が現れているかどうかを確認できるので、もし同一個体が繰り返し餌を食べているようであれば、その後の作戦で打つ手も考えられるというわけだ。さらに山本さんは、罠を設置したポイントでの獲物の動きにも注目するという。

「くくり罠の設置場所の近くにトレイルカメラを仕掛けていると、まれにイノシシが地面に鼻を当てて警戒する動きを見せたり、シカが足を高く上げて罠を跨ぐような動きを見せることがあります。こんなときは罠の設置方法や跨木の置き場所、罠の隠し方などを調整するようにしています。箱罠の場合も、イノシシやシカが周囲をウロウロしていたり、ジッと立ち止まって動かなければ、餌を変えたり餌の量を増やすなどの〝テコ入れ〟をすることがあります」(山本さん)

一方、小林さんは原因不明の空ハジキに悩まされたため、「トレイルカメラを仕掛

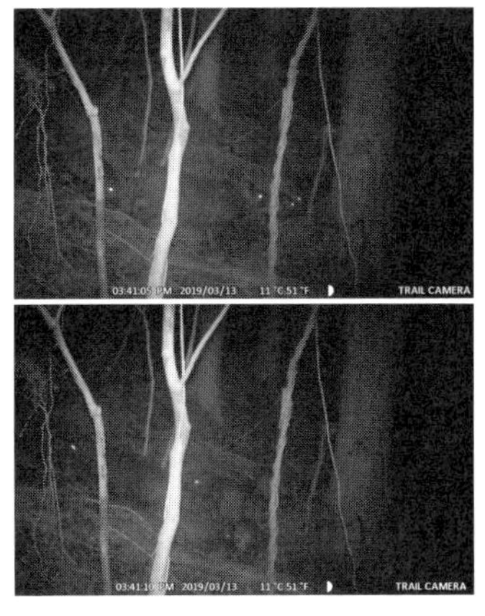


暗くてわかりづらいかもしれないが、イノシシの目の光の数から子イノシシに続いて親イノシシが現れたことがわかる。映像を細かく検証すると、現場では様々な動きがあったことがわかる

3頭の小ジカがカメラに興味津々にカメラをのぞき込んでいる。こうした無防備な映像が撮れるのも、トレイルカメラの魅力だ

けたところ、その原因がアライグマによるイタズラだと映像から判明したことがありました」と言う。想像もしなかった原因が瞬時に判明するというのも、映像という〝動かぬ証拠〟を記録できるトレイルカメラの威力といえる。

## トレイルカメラを仕掛けて見回り時に映像を回収する

といいつつも、実際には今回の回答者からは「トレイルカメラは使っていない」といった回答も多く寄せられた。確かに長い罠猟の経験値に裏づけられた、動物の痕跡を見極めるスキルや、動物の心理状態を読む勘どころがあれば、カメラの映像に頼る必要はない。しかし、やはりフィールドサインだけで判断するのは、初心者にとっては難しいことだ。そこで、罠猟の勉強という意味も含めて運用するのは、初心者にとって有効と思われる。

さらにトレイルカメラの設置は、見回りを行う〝目的〟にもなる。罠に獲物がかからない日が1週間、2週間と続くと、やはり誰しも見回り作業が億劫になるものだ。そこで見回り時に「トレイルカメラの映像を回収する」という目的をつくることで、見回りのモチベーションを保ち続けることができるというわけだ。

なお、冒頭で「トレイルカメラの映像は罠猟に活用しなければ意味がない」と書いたが、それは必ずしも絶対にという話ではない。普段目にすることのできない野生動物の無防備な姿を観察するのは意外と楽しいものだし、このような観察がきっかけで野生鳥獣に〝興味を持つ〟ようになることで、罠猟に対する新しいアイデアや工夫が生まれてくるはずだ。

最後に山本さんが、トレイルカメラの映像を残す意味について話してくれた。

「SNSには多くのハンターによるトレイルカメラ映像が数多くアップされていますが、他のハンターが猟をやっている現場を見られるというのも、考えてみればかなりラッキーなことです。こうして狩猟の知見を深められるのも、トレイルカメラの映像を残しておく大きなメリットだと思います」

69

# 非狩猟鳥獣の小動物が罠にかかったとき解放する方法とコツは?

ANSWER

## 鳶口や盾などで動きを抑制してから油断せずに放獣する

イノシシやシカ目的で仕掛けた罠に、しばしばタヌキなどの小中型獣がかかってしまうことがある。安全に放獣する方法とはどのようなもので、注意すべき点はあるのだろうか。

まず、箱罠の場合は扉を開けて追い立ててやれば、獲物は一目散に逃げていくのが普通だ。しかし、箱罠でも決して油断はできないと小林さんは指摘する。

「小中型獣は見た目がかわいいこともあり、ついこちらも油断しがちです。しかし、扉を開けるために箱罠を持ったときに油断して中に指が入ったりすると、いきなり噛みつかれることもあるので注意が必要です」

また、小中型獣は箱罠に閉じ込められて興奮すると、その場で糞尿をまき散らす習性がある。個体によっては寄生虫や病原性細菌、ウイルスを保有している可能性もあるので、箱罠を持ち運ぶときはなるべく素手で檻に触れないように注意しよう。使用後の小型箱罠を軽トラの荷台や車のトランクに載せて運ぶときも、ポリ袋などに入れて糞尿が付着しないようにする。

一方、くくり罠における放獣の仕方については、溝曽路さんが次のように教えてくれた。

「シカの止め刺しのときに使う鳶口を、小中型獣を解放するときも使います。鳶口はその名のとおり、先端がトビの口のようにカギ状になっています。この部分を獣の頭に押し当てたら、あとは柄を足で踏んで抑えた状態で、バネのテンションを解放してスネアを緩めます。獲物は解放する瞬間まで鳶口で抑えたままにし、あとは大声を出したり足を踏み鳴らしたりすれば、驚いて逃げていきます」

鳶口以外の道具として、太田さんは牧草用のフォークを使うという。

「牧草や枯れ草をすくうフォークを地面に立てながら獲物ににじり寄れば、それがガードのための盾になるので反撃を受ける危険も低くなります」

このように、放獣の際に何かを盾として使う場合は、まず盾をかまえながら根付した位置まで進んでリードを踏み、そのままワイヤーロープを踏みながら獲物に近づいていく。イノシシやシカはこちらが近づくと突進してくるが、小中型獣は初動でこちらから逃げるように動き回るので、ワイヤーロープを踏むことで動ける範囲を狭めて抑制できる。そのまま盾を使って動きを止めれば、反撃を受けずに放獣することが可能だ。

ただし盾を使った方法は、傾斜のある場所などではやりにくい。この場合は獲物のリードをグラップリングフックや鳶口などでつかみ、宙づりにする方法もある。このとき獲物が暴れるので、先に土嚢袋などをかぶせて目隠しするとおとなしくなる。足に付いたワイヤーロープは、ワイヤーカッターで切断しよう。

## 安全を優先するなら 仕留めて肉をいただくのも一案

くくり罠での放獣について、回答者からは「狩猟鳥獣であれば仕留めてしまったほうがいい」という意見もあった。反撃を受ける危険がある以上、安全を優先すべきというのがその理由だ。

捕殺した小型獣は埋設するなど適切な処理をする必要があるが、食肉として利用するという手もある。特にアナグマの肉はおいしいといわれるので、試してみる好機かもしれないが、「焼くと独特のにおいが出るので、できれば煮炊きする料理のほうがいいでしょう」（小林さん）という意見もあった。タヌキの肉は「くさい」といわれるが、食性や生活環境によってにおいや味は変わるし、味覚は人によって好みがわかれるところだ。

なお、肉のくさみは脂肪分に蓄積するので、できれば皮下脂肪を取り去ってから料理したほうがいい。あまり知られていないが、餌に恵まれた環境で育ったアライグマの肉は旨味があっておいしい。原産地の北米ではネイティブアメリカンのご馳走として珍重され、サツマイモと一緒に料理されることが多い。こういった〝意外な味〟に出会えるのも、狩猟の魅力のひとつといえるだろう。

かわいい顔をしたテンだが、イタチ科の獣は総じて気性が荒い。指を噛まれないように注意しよう

傾斜のある場所ではバネのワイヤー止めにカラビナなどを取り付けて、ロープで引っ張り上げる。獲物がかかる状況は常に同じではないので、解放の仕方についていくつかパターンを持っておきたい

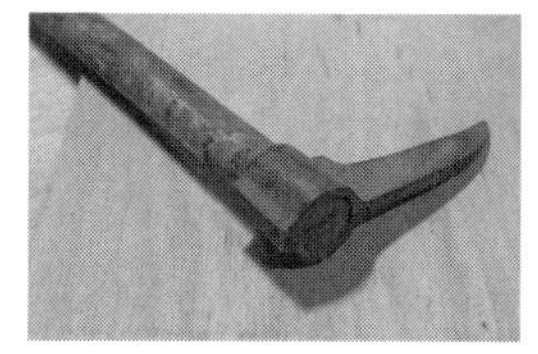
溝曽路さんが愛用する鳶口。カギは獲物を押えたりワイヤロープをたぐるのに使い、カギと逆側は獲物を叩いて昏倒させるのに使う

# 70

# カモシカやクマなどの錯誤捕獲どう対応すればいい?

ANSWER

## 自治体の担当窓口に連絡するのが先決。絶対に自分ひとりで対応しないこと

錯誤捕獲するのは小中型獣だけに限った話ではない。罠猟では捕獲が禁止されているツキノワグマとヒグマ、狩猟鳥獣ではないカモシカがかかることもある。こうした大型獣の放獣は、とても自分ひとりの手に負える話ではない。山本さんはクマを錯誤捕獲したときの対応について、次のように答える。

「クマが罠にかかった場合、絶対に自分ひとりで対応しようと思わないでください。クマは罠にかかると非常に獰猛になるため、太さ4㎜のワイヤーなら簡単に引きちぎってしまいます。また、箱罠であっても放獣時にクマに反撃されるリスクがあります。もしクマが罠にかかったことがわかったら、速やかにその場を離れて役所の鳥獣担当窓口に連絡しましょう。猟友会に所属しているのであれば、支部猟友会への連絡でもかまいません。クマが錯誤捕獲されたときの対応は自治体によって決められているので、その指示に従って行動してください」

くくり罠によるクマの錯誤捕獲を防ぐために、スネアの直径は12㎝以内という規制が設けられているが、12㎝でも指先をかけてしまう可能性があり、当然スッポ抜けのリスクも高くなる。罠にかかったクマを見つけたときは、近寄って興奮させたりせずに、速やかにその場を立ち去るようにすること。

### カモシカの鋭い角は危険なのでやはりひとりでの対応は禁物

カモシカの錯誤捕獲については、小林さんの意見が参考になる。

「カモシカは罠にかかってもジッとしていることが多いですが、だからといって決しておとなしい動物というわけではありません。興奮するとオスとメスどちらにもある鋭い角を向けて、こちらを威嚇してきます。ひとりで対応せずに、猟友会や猟仲間に協力をあおいで放獣しましょう。放獣方法は、イノシシやシカを保定するアニマルスネアなどの保定具を使います。詳しくは『岐阜県カモシカ研究会』という組織がマニュア

錯誤捕獲されたツキノワグマ。くくり罠の12cm規制を守っていても、まれにくくり罠にかかることがある。まずはその場を離れて、自治体の担当窓口に対応を相談しよう

ルを策定しているので、参考にしてください。インターネットでも閲覧可能で、『錯誤捕獲されたカモシカの放獣マニュアル』と検索してみてください」

カモシカは特別天然記念物に指定されているため、取扱いには鳥獣保護管理法以外に文化財保護法が関係してくる。捕殺や麻酔銃による無力化が必要な場合は、都道府県の捕獲許可申請や市町村の文化財担当部署へ現状変更許可を提出する必要があるが、その場で速やかに放獣する場合はそれらの許可を必要としない。解放する作業の安全性を最優先し、アニマルウェルフェアに配慮した放獣を行うようにしよう。なお、カモシカを放獣したら、市区町村の文化財担当部局へ情報提供するよう努めてほしい。

カモシカの錯誤捕獲を防止するのは、現実にはかなり難しい面がある。というのも、カモシカの足跡や糞といった痕跡はシカと非常に似ているため、専門家でも判別をするのは困難を極めるからだ。ただし、カモシカは同じ場所に糞をする〝溜糞〟の習性があるので、溜糞を見かけた場合は周囲にカモシカが生息している可能性が高いと判断できる。

また、オスジカが木に角を擦りつける〝角研ぎ〟の痕は、人間の大人の胸の高さあたりに付くのに対し、カモシカの場合は腰よりも下ぐらいの位置につく。さらに、カモシカは普通の獣は通らないような崖地や勾配のある斜面を通ることが多いため、このような場所に獣道ができている場合も、カモシカが生息する判断材料になるだろう。

こういったカモシカの〝気配〟が濃厚な場所には、くくり罠を設置することを避けるのが賢明だが、万が一かかったときに備えて、あらかじめ放獣の準備を整えておくようにしよう。

# 71

# 罠にイノシシやシカがかかっていたら まず確認するポイントは?

ANSWER

## 獲物の状態からリスクの有無を確認し 安全性の高い止め刺し方法を選ぶ

見回りで罠に獲物がかかっていることを確認したら、次はいよいよ仕留めることになるわけだが、罠にかかって興奮状態にある獲物の危険性は、これまで再三説明したとおり。はやる気持ちもわからなくないが、いくつかのことに注意しなければならない。ここではくくり罠と箱罠に分けて、それぞれ確認すべきポイントについて回答者に聞いた。

まずくくり罠だが、たとえ見回りのときに根付の状態に異常がないことを確認していたとしても、絶対に気を抜かずに「獲物の脚のどのあたりをスネアが締め付けているか」を確認すべきだと日和佐さんは言う。

「もしスネアが蹴爪よりも上を締め付けていれば、安全性は比較的高いと考えられます。しかし、蹴爪よりも下、特に蹄に直接かかっているような状態だと、スッポ抜けてしまうリスクが非常に高いといえます」

獲物をくくっているスネアの位置を確認するときは、「前脚か後脚か」も同時に確認すること。前脚がくくられている状態の獲物は、突進しても途中で足を取られて前のめりに転倒するが、後脚をくくられている場合は突進の加速が最後まで乗ってくる。よって、スッポ抜けやワイヤー切れの可能性がさらに高くなる。2章で「くくり罠は前脚をかけるように工夫する」とたびたび触れたのも、実はこのリスクを下げるためである。

「くくり罠にかかった獲物がイノシシの場合は､地面にできる〝土俵〟を確認しましょう。この土俵とは、くくり罠にかかったイノシシが暴れて地面を掘り返し、根付を中心に同心円状に地面を荒らしたような状態になることを指します。まるで相撲の土俵のように見えるのでこう呼ばれますが、土俵イコール『イノシシが動き回れる範囲』なので、土俵の中には絶対に入らないこと。相手が子イノシシでも、こちらが隙を見せると突進してきます。子イノシシのアゴの力は中型犬に匹敵するといわれるので、油断して咬まれたらケガは免れません」(日和佐さん)

## 罠に獲物がかかったら ここをチェック

くくり罠に多い蹴爪の下にスネアがかかった状態。蹄ごと外れて逃げられることもある

| | リスクが高い状態 | 理由 |
|---|---|---|
| くくり罠・箱罠共通 | 周囲から「ガサガサ」する音や、唸り声が聞こえる | 周囲に仲間がいる危険性がある |
| | 獲物が大型のイノシシ、またはオスジカである | 大型になるほどワイヤー切れなどが起こりやすい |
| くくり罠 | スネアが蹴爪より下を、または蹄自体をくくっている | スッポ抜けの原因になる |
| | スネアが後脚をくくっている | 加速がついてワイヤーが切れやすい |
| | ワイヤー全体の長さよりも、獲物が動き回っている範囲（イノシシの場合は土俵）が広い。またはイビツな形状をしている | 根付をした木が折れそうになっていたり、ワイヤーが切れそうになっている可能性がある |
| | 獲物がいる場所が坂の上、または途中である | 坂を下りて突進してきたときに加速がつく |
| | 獲物の周囲の土がぬかるんでいる | 獲物の目の前で転倒する危険がある |
| | スネアがかかった脚が、折れていたり、切れそうになったりしている | 突進時に足が切れて反撃を受ける危険性がある |
| | スネア、またはリードにキンクができている | キンクでワイヤーが破断する危険性がある |
| 箱罠 | 扉や檻を接合しているボルトが緩んでいる。または、突進したときに檻の歪みが大きい | 檻が破壊される危険性がある |
| | 扉がしっかりと閉まっていない。扉のロック機構が作動していない | 止め刺し中に扉が開く危険性がある |
| | 扉が歪んでいる | 突進により扉が破壊される危険性がある |

### 箱罠の扉に少しでも隙間があると イノシシは鼻で開けようとする

一方、比較的安全性が高いと思われる箱罠でも、注意すべき点がいくつかあると太田さんは言う。

「まず、扉が最後まで閉まっているかを、遠目から確認します。次に扉のストッパーが確実に機能しているかどうかも、よく確認してください。檻の入り口近くに餌を撒いていると、ときどき餌が挟まって扉が完全に閉まっていないことがあります。頭のいいイノシシは、このわずかな隙間に鼻を無理やりこじ入れて持ち上げようとするので、扉がピッタリと閉じているかを確認してください」

藤元さんは以前、箱罠に入っていた数頭の子イノシシたちが、協力して扉を開けようとするのを偶然目撃したという。

「器用に鼻を使って扉を開けようとしていました。あのときはイノシシの頭のよさを改めて実感しましたが、あと数秒遅かったら逃げられていたでしょうね」

イノシシやシカが罠にかかっていたら、チェックすべきポイントは他にもあるので、それを一覧にまとめたのが上の表だ。罠にかかった獲物に近づく前に、まずはこの表を参考にしてどのようなリスクがあるのかを確認し、総合的なリスクが低いと判断できたら止め刺し作業に移るべきだ。もし少しでもリスクが高いと判断したら、その場を離れて仲間の猟師に応援をお願いするか、銃による止め刺しに切り替えるなどして欲しい。

72

# 獲物が動き回って近寄れない どうすればいい?

ANSWER

## 一方向から獲物を追いかけて 根付した木にワイヤーを巻きつかせる

くくり罠にかかった獲物がメスジカや小ジカの場合、反撃を受ける危険性は低いが、油断して近寄っていくと意外な落とし穴が潜んでいると山本さんは言う。

「メスジカや小ジカは怯えて人間から距離を取ろうとして逃げ回るので、どうしても〝追いかけっこ〟をするような形になります。このとき地面がぬかるんでいると、つい足を滑らせて転倒する危険だけでなく、崖から滑落して死亡するといった事故も実際に起こっています。また、転倒した拍子に止め刺し用に手に持っていたナイフで、手や腕を切ってしまったりすることも考えられます。相手が弱いからと油断すると、文字どおり足元をすくわれることになりかねません」

では、獲物が逃げ回ってなかなか捕まえられない場合は、どう対応すればいいのか。さらに山本さんに聞いた。

「獲物が動ける範囲を、徐々に狭くするように誘導します。具体的には、獲物に一方向から近づいて追いかければ、逃げる獲物のワイヤーが根付した木にぐるぐると巻きついていくので、そのうちワイヤーが短くなって動ける範囲が狭くなります。こうして動きをある程度制限したら棍棒などで昏倒させて、動きを完全に封じます」

### 可動範囲が狭まった獲物が 転倒したら保定して止め刺しする

獲物の可動範囲を狭めていく方法は、子イノシシやオスジカに対しても有効だが、子イノシシは反転して突進してくることもあるので、身を守る盾を用意して追いかけるようにしよう。盾となる道具には、コンパネのような一枚板がよく使われる。これは先が見通せないものに対しては、イノシシが突進しづらいという習性を応用している。ちょっと変わった盾としては、溝曽路さんのようにソリを使うという手もある。

「プラスチック製のソリは、盾代わりとして十分使えます。万が一突進されても、ソリの傾斜が衝撃を受け流すので、後に跳ね飛ばされるリスクも小さくなります。私は

木にワイヤーが巻きついて動けなくなったシカは最終的に転倒するが、くくられている脚以外は自由に動かせるので、蹴られないように慎重に近づくこと

イノシシの場合もワイヤーを木に巻きつかせて、可動範囲を狭くする方法は有効だ。ただし、突進を受けないように盾を用意しておこう

溝曽路さんが盾代わりにも使っているという大型ソリ。かなりしっかりした質感だ

普段、獲物の引き出しにもこの大型のソリを使っているので、猟場に持っていく道具を少なくすることもできます」

溝曽路さんが使っているソリは、いわゆる〝スノーボート〟と呼ばれる雪上で荷物を運搬する道具で、子どもが乗って遊ぶ小型の草ソリとは大きさも耐久性も異なる。もし盾代わりに使うのであれば、間違えずにスノーボートを購入しよう。

根付した木の周辺にある木や茂みが邪魔して、獲物がワイヤーを巻きつけるように木の周囲を回れないような場合は、小中型獣の放獣でも説明したように、ワイヤーを少しずつ踏んでいって可動範囲を狭くする方法もある。ただし、体重が軽い女性や地面がぬかるんでいる状況では、獲物が暴れてワイヤーで〝足払い〟を受けることがあるので注意したい。

また、可動範囲を狭くしていくと、最終的に獲物は転倒するのだが、このとき空を蹴った後足で直撃されることもある。シカの蹴りは想像以上に強烈なので、運悪く顔面や股間にヒットすると悲惨だ。もはや止め刺しどころの状態ではなくなる。また、この蹴りで払われたナイフが自分の胸に刺さるという悲惨な事故も起こっている。繰り返しになるが、罠にかかって必死に逃げようとしている獲物に近づくときは、最後まで絶対に気を抜かないことを肝に銘じて欲しい。

73

# 罠にかかった獲物を死なせないようにするには?

ANSWER

## シカは前脚を吊るされると絶命する。斜面を避けて動ける範囲をなるべく狭める

くくり罠猟で最も避けたいのは、獲物の斃死(へいし)(原因不明での死亡)だ。主に肉が目的の狩猟では、当然ながら斃死した個体を利用することはできない。有害鳥獣駆除目的なら「斃死でも問題ない」という人もいるが、気温が高い時期だと半日程度で屠体の腐敗が始まるため、腐敗臭や見た目など作業者の心理的ダメージが大きくなる。

さらに、斃死した個体は死後硬直が始まっている場合が多く、くくり罠から外したり、引き出したりする作業が困難になるなど様々なデメリットがある。しかし、何よりも問題なのは、獲物を苦しませて死なせてしまうことだ。アニマルウェルフェアの点からも、獲物を斃死させることは狩猟者として恥ずべきことだと心得て欲しい。

獲物が斃死する理由はいろいろ考えられるが、特にシカの場合は〝宙吊り〟になってしまうことが大きな理由だと小林さんは話す。

「シカは前脚が宙吊りになってしまうと、かなり高い確率で死亡します。くくり罠を仕掛ける場所は急な傾斜などを避け、緩い傾斜であってもなるべくリードを短くして、動き回れる範囲を狭くする必要があります。そして、何よりも大事なのがくくり罠を仕掛けたら、なるべく早めに定期的に見回りを行うことです」

宙吊りになったシカが死亡する理由には諸説あるが、一説によると前脚が宙吊りになった状態では下肢に血液が溜まり、この血液を全身に送ろうとして血圧や心拍数が上がることで、心臓発作を引き起こすためだといわれる。このような宙吊りによる心臓発作は「起立不耐性」と呼ばれ、たとえば工事現場で作業員が落下してハーネス(墜落防止用の腰ベルト)で宙吊りになると、同様の症状を引き起こすことが知られている。

このような事態を避けるためには、まずリードの長さを最小限にすることが前提だ。特にオスジカはその大きな角にワイヤーが絡まって、まれに平地でも斃死することがある。可能であれば地主の許可をもらって、

シカの前脚が伸び切っている状態では、たとえ息があってもそう長くは持たない。速やかにとどめを刺すようにしよう

くくり罠を坂の下に仕掛けていた場合、獲物が坂を上がった状態でワイヤーが木に巻きつき、そのまま宙吊りになるケースもある

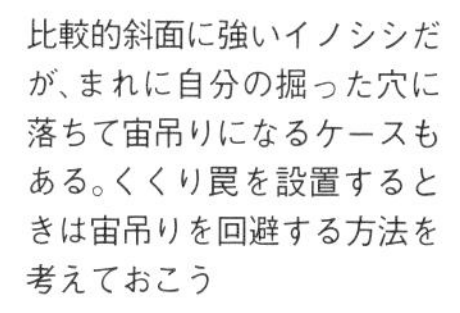

比較的斜面に強いイノシシだが、まれに自分の掘った穴に落ちて宙吊りになるケースもある。くくり罠を設置するときは宙吊りを回避する方法を考えておこう

くくり罠をしかけた場所周辺に生えている雑木を切ることで、ワイヤーが巻きつく可能性を少しでも減らしておきたい。

## 箱罠では檻に激突したり夏場は熱中症で死ぬことも

箱罠の場合も、獲物が斃死する可能性はある。そのひとつが檻の中で暴れたシカが頭を強く打って死ぬケースだ。また、有害鳥獣駆除のために夏場に箱罠を仕掛ける場合、「動物も熱中症で死ぬことがある」と虎谷さんは言う。

「直射日光がもろに当たるような場所にかけた箱罠では、かかった獲物が熱中症で死んでしまうことがあります。これを回避するには何よりも朝一番の見回りが重要なのですが、夏場は箱罠の上面や周囲に日除けをつくっておく工夫も必要になります」

もちろん、獲物が斃死する理由としては、生命力が強い弱いという個体差もあれば、不測の事故ということもあり得る。しかし、そのほとんどが毎日の見回りをしっかりと行い、罠の設置についての工夫をすることで回避できるはずだ。できる限り獲物の斃死を起こさないように、罠猟師としての自覚を持とう。

# 74

# 巨大イノシシがかかったときの注意点と興奮して近寄れないときの対策は?

ANSWER

## まず銃による止め刺しを検討する。銃が使えなければ必ず保定するのが前提

くくり罠には、予想もしなかった大型の獲物がかかることがある。それが100kgを優に超える巨大イノシシだった場合、罠猟師なら本当は喜ぶべきところだが、初心者はそのすさまじい迫力に圧倒されてパニック状態になりかねない。巨大イノシシがくくり罠にかかっていた場合の対応については、回答者全員が「銃を使った止め刺しを検討する」という意見で一致していた。

巨大イノシシを捕獲する際の注意点を説明する前に、ここで改めてイノシシの恐ろしさについて触れておきたい。イノシシの最大の武器は牙だが、上あごと下あごの牙がともに上を向いているため、ものを噛むことによってそれぞれの牙がこすれて、常に鋭く研がれた状態になる。

「罠にかかったイノシシに近づくと『ガプガプ』という音を発します。これは上下の牙を打ち鳴らしたときの音で、イノシシの威嚇行為です」(藤元さん)

最高時速25kmという速さで突進するイノシシは、頭を下から上へ〝しゃくり上げる〟行動をとる。突進を受けた人間のちょうど太ももあたりに牙が刺さり、そのまましゃくり上げる動作によって、動脈をバッサリと切られてしまうことも多い。実際に罠猟でイノシシに反撃された事故では、突進による打撲や内臓破裂、滑落といった要因よりも、大量出血によって死亡するケースが多い。また、メスイノシシや子イノシシには牙こそないが、あごの力は非常に強い。このようなイノシシは相手に噛みついてから頭を左右に激しく振るため、指などは簡単に引きちぎられてしまう。

経験豊富な罠ハンターでもある回答者たちは、イノシシの恐ろしさを熟知しているため、くくり罠に大型のイノシシがかかっていたら、迷うことなく銃による止め刺しを検討すべきと答えたわけだ。

「私は大型のイノシシでなくても、止め刺しには基本的に銃を使うようにしています。罠猟の経験がないと実感が湧かないかもしれませんが、追い詰められた獣はこちらが本能的に恐怖を覚えるほど恐ろしい存在で

## 銃器による止め刺しの条件

| |
|---|
| 止め刺しを行う人は、その都道府県で銃猟者登録を受けていること |
| 止め刺しをする場所が銃猟禁止エリアでないこと |
| 獲物の動きを確実に固定できない、くくり罠などにかかっている場合 |
| 罠にかかっているのがイノシシやシカ（有害鳥獣駆除ではクマ類も）といった獰猛かつ大型の動物であること |
| 罠を仕かけた狩猟者の同意があるうえで行われること |
| 銃器の使用にあたって、跳弾や誤射などの危険性がないことが確保されていること |
| 日の出後から日の入り前であること（夜間の発砲は禁止されている） |

イノシシの牙は上下のあごから鋭く伸びている。イノシシから突進を受けると牙によって引き裂かれたような傷になるため、致命傷となる危険性も高い

す。どんなにしっかりとしたワイヤーを使ったとしても、スッポ抜けやワイヤー切れといったトラブルの可能性がある以上、リスクを取らないことが大切だと思います」（溝曽路さん）

日本国内で銃を所持するハードルの高さはＱ８でも触れたが、このような煩わしさがあったとしても罠猟における銃の必要性は高い。狩猟を始めた当初は罠猟だから銃は要らないと考えていても、２、３年で止め刺し目的で銃を持つ人が意外に多いという事実が、それを如実に物語っている。なお、罠猟における銃による止め刺しの条件を表にまとめたので、参考にして欲しい。

### 鼻くくりや足かせなどで確実に保定してから止め刺しする

では、銃を使えない場所で大型イノシシが罠にかかったら、どう対処すればいいのか。小林さんは次のように回答する。

「鼻くくりや足かせといった道具を使って、まずはイノシシの動きを止める必要があります。具体的にはイノシシの鼻か、スネアが付いていない別の脚をワイヤーなどで縛りつけ、引っ張ることで獲物を拘束します。この保定作業を確実に終えてから止め刺し作業に入るようにします」

ただし、イノシシが激しく興奮している状態ならば少し様子を見るべきだし、ひとりで保定する自信がなければ、安全を優先して猟仲間に手助けしてもらうことも考えるべきだろう。同様に銃が使える場所では、なるべく銃による止め刺しを検討する際も、事情があってどうしても自分で銃を所持できないという人は、銃を所持している猟仲間に止め刺しを依頼するようにしよう。

75

# オスジカがかかったときの注意点と興奮して近寄れないときの対策は？

ANSWER

**鋭く尖った角に十分注意しながら投げ輪を角に引っかけて保定することも**

くくり罠に大きなオスジカがかかった場合も、イノシシと同じように「銃による止め刺しを検討する」という回答が大多数だったが、オスジカとはどれほど恐ろしい獲物なのだろう？

オスジカの最大の武器は、長く伸びた角である。シカの角は4月頃には柔らかい袋角（ふくろづの）の状態から始まり、9月頃には硬くて鋭い角に成長する。さらにシカの年齢でも変わっていく。1～2才までは枝のない1本角、3才頃に二股に分かれた2本角となり、4才を超えると3段角となる。オスジカには角の先端を木にこすりつけて鋭く研ぐ習性があるため、突進を受けると服の上からでも貫通して重傷を負うことになる。

オスジカの角は10月頃から始まる繁殖期に、他のオスとメスを奪い合う戦いに使われる。そのため猟期中のオスジカは非常に気性が荒く、人間を見かけても焦って逃げていくことは少ない。オスジカがくくり罠にかかったときの反応もメスジカや小ジカとは異なり、ジッとこちらの様子を観察してくることが多い。

オスジカが厄介な点は、このようにジッとたたずんでいることだ。イノシシの場合は人間めがけて突進を繰り返すので、その凶暴さがひと目でわかる。ところがオスジカは動かないので、一見するとおとなしそうに見える。しかし、こちらがある〝間合い〟に入ると角をこちらに向けて突進してくるため、角で突かれたり弾き飛ばされるといった手痛い反撃を受けることになってしまう。罠にかかったオスジカに近寄るときは、その様子を観察しながら油断せずに慎重に距離を詰めていく必要がある。

## 多段角の大型のオスジカより若いオスジカの1本角のほうが危険

オスジカの怖さについて、山本さんは次のように話す。

「一般的にオスジカは、角が多段になった大型の個体が危ないと思われていますが、実は1、2才頃の1本角のほうが突かれたときの危険度は高いといえます。多段角は

オスジカはこちらが近づくと、角を向けて威嚇してくる。一定の間合いに入ると猛烈な突進を繰り出してくるので注意が必要だ

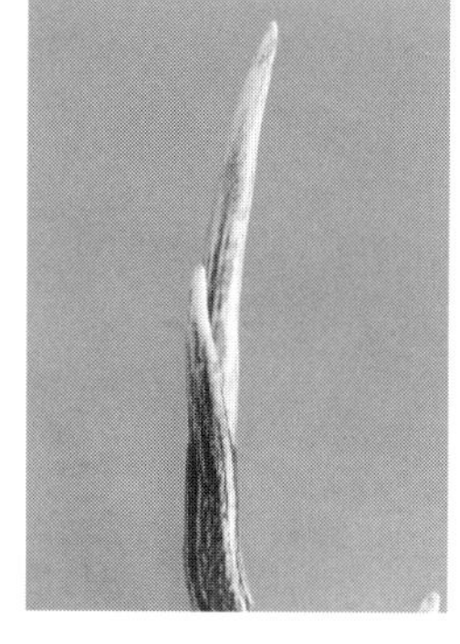
オスジカの角の先端は鋭く尖っている。これで突かれたらと思うとゾッとする

オスジカはジッと座って動かないことも多い。この姿を見ておとなしいと思ったら大間違い。突然飛び起きて角を振り上げてくるから恐ろしい

威力が分散するため、深く突き刺さる前に跳ね飛ばされることが多いですが、１本角だと突進の威力が角先に集中して、深く突き刺さってしまう危険性が高くなります。オスジカもイノシシと同じように、体の大小で判断して油断してはいけません」

オスジカの反撃によって重傷となるケースでは、胸を突き刺されて外傷性気胸を起こすのが怖い。外傷性気胸とは、胸腔に穴が空くことで肺と胸壁の間に空気が入り込み、肺を圧迫してしまう症状だ。外気により肺が圧迫されると、呼吸困難に陥るだけでなく、激しい胸痛と心拍数の増加が起こり、最悪の場合はショック症状によって死に至ることもある。もちろん、鋭い角が目に入れば失明の危険もあるし、首に刺されば大出血となり得る。

このように危険なオスジカに対しては、回答者が答えるように銃による遠距離からの止め刺しが望ましいが、銃が使えない場合はイノシシ同様、保定具を使って動きを封じ込める必要がある。ただし、シカはイノシシとは違い、暴れ回って地面にできる〝土俵〟をつくらないため、どこまでがワイヤーの届く範囲なのかが非常にわかりにくい。

そこで、まずはオスジカの周りを遠巻きに歩いて、ワイヤーが届く範囲の見当をつける。もしオスジカがワイヤーをたるませた状態でジッとしている場合は、保定のために近づくといきなり突進してくることもある。そんなときはロープを〝投げ輪〟に結んで角に引っかけるか、リードワイヤーをグラップリングフックなどでたぐって、イノシシと同じように動ける範囲を狭めていくことで保定する工夫が必要になる。

# 保定具にはどのようなものがある？自作することはできる？

## 初心者には鼻くくりがおすすめ。アニマルスネアなら自作もできる

止め刺しの前に獲物が動かないように拘束することを「保定」というが、この保定に用いる保定具とはいったいどのような道具なのだろうか？

くくり罠で使う保定具は、「ワイヤーを引っかけるタイプ」と「獲物の鼻や首を引っかけるタイプ」の2つに大別できる。ワイヤーを引っかけるタイプとしては、「グラップリングフック」などがよく用いられる。グラップリングフックはもともとロープクライミングの際に他のロープをたぐり寄せるための道具で、ロープの先端に船を固定する〝碇(いかり)〟のように複数のカギ爪が付いている。くくり罠では獲物をくくったリードにこのグラップリングフックを投げて引っかけ、たぐり寄せることでスネアの付いた獲物の足をすくい上げることができる。ロープ側は強く引っ張って丈夫な木に固定するか、太い枝に引っかけておく。スネアが結ばれた足を吊り上げると獲物は転倒するため、動きを止めることができる。

なお、グラップリングフックの代わりに、普通のトラックロープを使っても保定は可能だ。まずロープの先端にアイをつくっておき、リードに向かって投げる。次に長い棒や鳶口などの道具でアイを回収し、ロープを「ハングマンズノット」のように引っ張ると結び目ができるロープワークで結ぶ。ロープを引っ張るとリードに引っかけた輪が、よりもどしやバネの位置で結び目をつくるので、グラップリングフックを使ったときと同じ状態になるというわけだ。

### アニマルスネアで頭部をくくり牙や角の脅威を封殺する

獲物の鼻や頭などに引っかけるタイプとしては、「アニマルスネア」と呼ばれる道具を使うのが一般的だ。これは先端がくくり罠のスネアと同じ構造をしており、長いポールに装着されている。このスネアを獲物の鼻や頭に引っかけた状態でワイヤーを引くと拘束することができる。アニマルスネアは獲物の頭部を保定できるため、イノシシやシカの最大の脅威である牙と角を封

塩ビ管を使った自作のアニマルスネア。塩ビ管に通したワイヤーロープを引っ張ることで、先端のスネアを開閉できる

オリモ製作販売製のOM-30型鼻くくり。〝弁当箱〟と同じように押しバネ式くくり罠をアームに装着し、アダプターに長い棒を装着して使う。獲物に踏み板を押し当てるとバネの力でスネアが締まるので、初心者でも簡単に使える

殺することができる。グラップリングフックで足を取るよりも、安全性の高い保定方法といえる。

アニマルスネアは自作も可能で、溝曽路さんは「くくり罠を自作できれば簡単につくることができる」と言う。

「ホームセンターで長さ4mほどの細めの塩ビ管を用意し、中にワイヤーロープを通します。その先端部分をくくり罠のスネアをつくる要領で輪に加工すれば完成です」

より詳しく設計図を確認したければ、前述した岐阜県カモシカ研究会のカモシカ放獣マニュアルに詳細が公開されているので参考にして欲しい。

アニマルスネアは簡単に自作できるが、スネアが獲物の鼻や首に入った瞬間に、自分の手でワイヤーを強く引いてスネアを締めなければならない。慣れるまでは扱いが難しく感じるかもしれないが、そこは練習と実践あるのみ。空振りしたら手間はかかるがもう一度スネアを広げて、暴れる獲物にスネアを突き出そう。

もっと効率的に保定したいという人には、「鼻くくりという保定具がおすすめ」だと折茂さんは話す。

「鼻くくりはバネの力でスネアを締める保定具です。鼻くくりは、押しバネ式くくり罠に柄を取り付けるアダプターが付いており、獲物の鼻に押し付けるように使うことで、瞬時に鼻をくくることができます。オリモ製作販売で扱っているOM-30型の鼻くくりは跳ね上げ式の弁当箱と同じタイプなので、触れるだけでアームが立ち上がり、獲物の鼻をしっかりとキャッチします」

保定具には様々なタイプがあることがわかったと思うが、くくり罠にかかった獲物の状態はいつも同じとは限らないので、その状況に応じて道具を使い分けることができるように、できれば複数種類の方法を使えるように準備しておこう。

77

# くくり罠でイノシシ、オスジカに保定具をかけるテクニックは？

ANSWER

## イノシシは突進時に鼻くくりをかける。オスジカはなるべく首にロープをかける

アニマルスネアや鼻くくりを使う場合、獲物の鼻や首、角、足などをピンポイントで狙う必要があるが、相手もそうはさせまいと暴れて動き回るので、うまく狙いを定めるのは簡単ではない。こうした保定具をうまくかけるための、コツのようなものはないのだろうか？

イノシシに鼻くくりをかけるコツについて、折茂さんは次のように話す。

「イノシシは人間に向かって突進してくるので、〝カウンター〟を狙います。まず長い柄を取り付けた鼻くくりを、イノシシの目線の高さに持って水平にかまえます。そのまま少しずつ近づいていくと、興奮したイノシシがこちらに向けて突進してきますから、タイミングを見計らって柄を槍のように突き出し、鼻に命中させましょう。うまくカウンターが決まれば、獲物の鼻とした唇を同時にスネアで締め付けることができます」

イノシシの鼻先は非常に敏感なので、鼻くくりで鼻ツラを締め付けられたイノシシはパニック状態になって頭を振り回す。このとき鼻くくりが跳ね飛ばされることもあるが、鼻くくり本体はその場に置いたままにして、獲物を拘束したワイヤーをつかんでしっかり引っ張ろう。

一方、イノシシにアニマルスネアを使う際のコツについて、溝曽路さんは次のように話す。

「アニマルスネアを水平にかまえた状態で、イノシシの目の前でスネアをちらつかせます。興奮したイノシシはそのスネアに噛みついてくるので、その瞬間に柄をすくい上げるように動かし、上あごのなるべく奥までスネアを送ってやります。同時に手元のワイヤーを強く引いてスネアを縮めれば、スネアがイノシシ上あごの牙に引っかかります。もし引っかかっていなかった場合は、引っ張ったときにすっぽ抜ける危険があるので再度チャレンジしてください」

アニマルスネアでイノシシを保定するときは、この上あごにかける瞬間が難しい。釣りが好きな人であれば「ウキが沈んだ瞬

イノシシにスネアやロープをかけて保定する場合は、上アゴの牙に引っかけるようにする。鼻くくりの場合はバネで締め付けるので鼻ツラでもいいが、手で締める場合はスッポ抜けることが多い

オスジカはジッとしていることも多いので、割とすんなりと首にスネアやロープをかけさせてくれる。ただし、興奮させるとロープやワイヤーを嫌がるので、「何も怖くありませんよ〜」とゆっくりとした動きで行うのがコツだ

間に〝合わせ〟を入れる」といえば合点がいくと思うが、釣りをしたことがない人にはピンとこないかもしれない。コツが要る作業なので、慣れるまでは鼻くくりを使うというのも一案だ。

## オスジカの保定には アニマルスネアかロープを使う

シカに保定具をかける場合、鼻くくりを使うと〝浅がかり〟することが多い。というのも、イノシシは首が短く突進してくるため、鼻くくりの踏み板を強く押し込ませるのも容易だ。しかし、シカの場合は逃げ回るかジッとしていることが多く、踏み板を強く押し込ませづらい。さらに首が長いため、踏み板を押した瞬間に頭を引かれてしまうことも多い。結果として空振りになるか、鼻の先をくくってしまうことが多いのだ。獲物が反撃のリスクが低いメスジカや子ジカであれば、保定具を使わずに拘束するという選択もあるだろう。

では、オスジカの場合はどうすればいいのかというと、やはりアニマルスネアかロープを使って保定する方法が一般的だ。オスジカはジッとしていることが多いが、人間が近寄ると角を向けて威嚇してくるため、角にスネアやロープをかけるのはそれほど難しくない。しかし、スネアやロープを角にかけることはあまりおすすめしない。特に春を過ぎたオスジカの角は、落ちてしまう可能性がある。しかも角にはイノシシの上アゴのような逆鉤（かえし）となる部分もないため、保定具を強く引くとスッポ抜ける危険性があるからだ。

オスジカを保定する場合は、できるだけスネアやロープを首にかけるようにし、どうしても角にかけることしかできなければ、角１本を根元の位置でくくるようにしよう。

# 78

# 箱罠でイノシシやシカを保定するテクニックとは?

ANSWER

**スネアで箱罠上面から吊り上げる。檻の目に角材を差し込む方法もある**

ここでは、箱罠にかかった獲物を保定する際のテクニックについて考えてみたい。そもそも箱罠ではすでに獲物が捕らえられているため、「保定は必要ないのでは?」と思うかもしれないが、箱罠に入った獲物もくくり罠と同じように、狭い檻の中を右へ左へと大暴れする。

しかも、箱罠は全体が檻で囲われているため、鼻くくりのような道具を使うことができないだけでなく、同時に何頭も捕獲されている可能性もある。ベテランの箱罠ハンターの中には、ナイフを槍のように加工し、逃げ回る獲物の急所を電光石火の早業で突く人もいるが、一般人にはとてもマネできる芸当ではない。

箱罠での保定方法には、主に「スネアを使った方法」と「角材を使った方法」がある。まずスネアを使った方法だが、これはバネのない単純なスネアを使用する。このスネアを使って、藤元さんは次のようなやり方で保定を行っている。

「まず、スネアを箱罠の上面から垂らします。イノシシは興奮してスネアを噛んでくるので、このタイミングを見計らってワイヤーを真上に吊るすように引っ張ります。こうすることでイノシシは後ろ脚だけで立っている状態になるので、動きを封じることができます。あとはワイヤーに体重をかけたり滑車を使うなどして獲物を引っ張り上げて、頭部を天井近くに保定します」

くくり罠ではスネアを使う場合、イノシシの上あごに引っかける必要があったが、箱罠ではワイヤーを真上に引っ張るため、鼻先にかけても外れる心配は少ない。ただし、スネアを入れた位置によっては止め刺しのナイフが届かない場合があるので、スネアを垂らす位置はなるべく左右どちらかの壁に近いところにするか、止め刺し用に長い柄を持つ槍状のナイフをあらかじめ準備しておこう。

## 檻に角材を差し込んでいき獲物が動ける範囲を狭めていく

角材を使って獲物を保定する方法につい

山本さん渾身のリングイン！　近年の超大型箱罠や囲い罠には外部に飛び出た小部屋が付いていることも多く、ここに獲物が入ったら扉を閉めて外から止め刺しを行う

箱罠の保定では、バネのないスネアを使って獲物を引っ張り上げる方法が一般的。シカの場合はスネアを広くとっておき、頭が入った瞬間に締め上げるようにする

て、虎谷さんは次のように話す。

「檻の目の大きさよりも少し細い角材を、10本程度用意しておきます。そしてこの角材を檻の左右に渡すように差し込んでいき、獲物が動ける範囲を徐々に狭くしていきます。獲物が檻と角材で身動きが取れなくなったら、槍状のナイフなどで急所を狙って仕留めます」

角材を使った方法はスネアを必要としないので、くくり罠猟をしない猟師がよく行う保定方法だ。スネアよりもテクニックを必要としないが、獲物が大型のイノシシの場合は差し込んだ角材を噛み砕いて折ってしまうこともあるため、強度のある角材を用意する必要がある。また、角材を噛んだ状態でイノシシに激しく頭を振られてしまい、勢いよく飛び出した角材で胸や足を強打して骨折した事故例もある。獲物が檻に入っているからと油断せず、角材を使う場合は特に獲物の頭付近にある角材には近づかないことだ。

群れごと獲物を捕獲する超大型の箱罠や囲い罠で子イノシシや小ジカ、小中型獣などの保定するにはどうすればいいのか、山本さんに聞いた。

「こちらに寄ってきたところで保定具や鼻くくりを使用します。また、ネットを投げ付けて動けないようにすることもあります。囲い罠の中に単体の子イノシシやシカのメスがいた場合は〝リングイン〟することもあります。入り口に袋状の網を仕掛けておき、扉が開いた状態で獲物を追い立てて絡めとるといった方法もあります」

まるでプロレスラーのような方法だが、逃げ回る小動物を保定する最後の手段として、覚えておきたいアイデアだ。

# 79

# 保定具をかけた獲物はどのように引っ張る？

ANSWER

## ロープの摩擦力を使う方法やロープワークによる強い力を利用する

保定具で獲物の脚や鼻、首を押さえることができたとしても、それで終わりではない。獲物の動きを拘束するためには、保定に使っているワイヤーやロープのもう一端を、木などに巻きつけて固定しなければならない。くくり罠の場合、リードが完全に張り切るまで保定具を引っ張らなければならないのだが、決して大型獣と〝綱引き〟で勝負しようなどとは考えないほうがいい。イノシシやシカが必死に暴れるときの力は、私たちの想像以上に強力なのである。

では、どのような方法で獲物を引っ張ればいいのか。最もシンプルな方法を溝曽路さんが教えてくれた。

「スネアを獲物にかけたらロープを引っ張って、少し離れた場所にある木に引っかけて、ロープ全体が「U」の字になるようにポジションを取ります。この状態で体重をかけたまま獲物が動くのを待ち、獲物が近寄ってロープに緩みができた瞬間に、たるみを消すようにロープを引きます。この動きを繰り返してくと、獲物が徐々にこちらへ近づいてきます」

溝曽路さんの方法がいわゆる綱引きと大きく違う点は、獲物と〝同じ方向〟にロープを引っ張る点だ。ロープは木に引っかけた点で殺されているので、獲物の力が強くても摩擦で引き負けするのを抑えることができる。獲物が引く方向とこちらが引く方向に角度がつくと、ロープと木の間に発生する摩擦が小さくなるため、引き負けが多くなるので注意しよう。

### トラッカーズヒッチの3倍力システムを活用する

溝曽路さんのように、獲物が引っ張るときは摩擦を利用して耐え、獲物が近寄ってきたらたるみを消すように引っ張るという方法は、ひとりで獲物を少しずつ寄せるには有効だ。しかし、獲物が規格外に大きかったり、力の弱い女性ハンターの場合は、この方法でも引き負けてしまうことが多くなる。そこでおすすめしたいのが、「トラッカーズヒッチ（南京結び）」というロープ

②ロープの途中バタフライノットやスリップノットといったロープワークでループをつくる

①アニマルスネアのスネアや、ハングマンズノットで結んだロープを獲物かける

④ロープの端を木などに引っかけて、先端をループに通して引っ張る

③スリップノットでつくったループ。一度締めると結び目が固くなるので、余裕があるならバタフライノットがおすすめ

⑥獲物を引っ張った後は、引っかけた場所でロープを殺し、緩まないように結んでおくこと

⑤3倍力システムは3倍の力が出せるが、ロープを引く長さも3倍になる。ループをつくる位置は、なるべく余裕を持たせておくこと

ワークを使った方法だ。

「トラッカーズヒッチは『3倍力システム』と呼ばれる動滑車の定理を応用したロープワークです。このロープワークを使って獲物を引っ張ることで、たとえ女性の力でも100kg以上の獲物を拘束することができます」（山本さん）

獲物を引っ張る方法には、滑車システム（ロープホイスト）や、荷締め用のラチェットベルトなどが使用されることもある。しかし、ロープ一本で3倍力システムをつくれるトラッカーズヒッチなら、道具をそろえる手間が必要ないうえ、日常生活の様々な場面で応用が利く。汎用性に優れたロープワークを、ぜひこの機会に結び方を覚えておこう。

# 生け捕りにメリットはある？注意点があれば知りたい

ANSWER

## ガムテープで目隠しして足は筋交いに縛る。身の安全や動物のストレスも考えるべき

近年、罠猟の世界でしばしば話題に上がる捕獲方法が「生け捕り」である。獲物を生け捕りにすることで、「止め刺しから解体までの時間を最小にできる」ため、「肉にくさみが出なくなる」とされ、ジビエの販売を目的とした猟では効果的だという声も上がっている。

こうした盛り上がりはYouTubeなどの動画サイトやSNSにおいても活況を見せており、イノシシやシカを生け捕りにする投稿動画の中には、1000万回再生を超えるコンテンツも存在する。しかし、生け捕りについては、回答者の多くからその危険性を指摘する意見があった。

「たとえ獲物を保定していたとしても、生きたまま持ち帰るのは危険が伴います。捕獲された獣が死にもの狂いで暴れる力は、私たちが想像もできないほど強いものです。罠猟では自分の身の安全に勝る大事なものはありません。私個人としては、生け捕りすることはおすすめしません」（太田さん）

日本国内でジビエの標準化を進める日本ジビエ振興協会によると、止め刺しから解体加工施設までの搬入時間は「１～２時間以内が望ましい」とされており、止め刺しと血抜き後、すぐに解体処理に移らなければ「肉に嫌なくさみが出る」というわけではない。そもそもジビエは個体差や時期、地域性によって、多少なりとも肉のにおいや味が変わるものだし、〝野性味があるのがジビエの魅力〟という考え方もある。

解体処理の〝時短〟目的で生け捕りを考えるのはいいとしても、それを自分の〝身の危険〟との天秤にかけてまでやるべきことなのかは、罠猟師それぞれの判断におまかせしたい。

### 生体捕獲の理由は様々だが絶対に命をもてあそぶべきではない

「ジビエの肉質向上」を目的とした生け捕り以外に、「捕獲から日をまたいで解体を行いたい」という需要のために、あえて生体捕獲する場合もある。

たとえば、捕獲が判明した日に急な用事

生け捕りにされたオスジカ。その呼吸の荒さからは、これから何をされるのかわからないという恐怖感が、ヒシヒシと伝わってくる

で外出する必要がある場合や、週半ばに獲れた獲物を週末に仲間と集まって解体したいという場合、獲物を生け捕りにして持ち帰り、自宅の敷地内にある納屋や檻に入れて解体当日まで生かしておくということが、罠猟師の間ではしばしば行われている。狩猟で捕獲した野生鳥獣は、特定外来生物やヤマドリといった特定の鳥獣を除けば、合法的に飼育や生体販売が可能なので、こうした行為は違法にはならない。

では、イノシシやシカの生け捕りは、具体的にどのように行えばいいのだろう。折茂さんは次のように話す。

「まずは獲物の目をガムテープなどでぐるぐる巻きにして視界を奪います。イノシシの場合は口が開かないように上あごごと口もグルグル巻きにして、牙の脅威を無力化します。次に前脚同士、後脚同士を交差させてロープで筋交いに結びます。しっかりと結束されていることを確認したら、最後に鼻くくりと足についているスネアを取り外して持ち帰ります」

生体捕獲をするときに最も注意すべきなのが、脚の結び方だ。拘束された獲物は必死に脚をねじるため、いい加減な縛り方ではロープがほどけて逃げ出してしまう。もし運搬中に荷台から獲物が飛び出すと、大事故につながる危険もある。獲物の脚を縛るロープワークは「筋交い縛り（ダイアゴナル・ラッシング）」が一般的。これは2本の丸太をクロスして縛り合わせるロープワークで、ねじれが加わってもロープがほどけにくいといった特徴がある。狩猟の世界では古くから、大物の両脚を筋交いに縛ってその間に丸太や角材を差し込み、前後で人がかついで山から持ち出すときに、このロープワークが多用されている。

生け捕りした獲物は最適な環境であればしばらくは生き続け、イノシシや小ジカであれば人間の手から餌を食べるぐらいに人慣れすることもある。しかし、そのほとんどが数週間から数カ月で死んでしまう。原因は病気によるものだけでなく、慣れない環境に長く置かれたストレスの影響も無視できない。生体捕獲をする理由はいろいろあるだろうが、くれぐれも命をもてあそぶような気持ちで行うことだけは慎むべきだろう。

# 「止め刺し、引き出し」の疑問

# 獲物を完全に絶命させる止め刺しで注意すべきこととは?

ANSWER

## 失血死によって止め刺しは完了するので最後まで油断せずに見届けること

獲物の保定が完了したら、いよいよ獲物の止め刺しを行うわけだが、たとえ保定しているからといって油断はできない。獲物も必死に最後の抵抗をしてくるので、予想もしなかった反撃を受ける可能性もある。止め刺しとは動物の命を奪うことに他ならないので、猟師たるもの獲物がなるべく苦しまないようにスムーズな止め刺しを心がけなければならない。ということで、具体的な止め刺しの方法論の解説に入る前に、まずは「止め刺し」とはどのような行為を指すのかを確認しておこう。

止め刺しには、棍棒などで殴打する方法や、電気ショッカーと呼ばれる器具で感電させる方法、首をワイヤーで締めて窒息させる方法などいろいろなやり方があるが、最後はナイフで急所を刺して確実に〝失血死〟させて完了となる。獲物が「死んだ」と思って罠から外す作業をしていたところ、いきなり蘇生して反撃を受ける危険性がある。事実、箱罠猟で止め刺しをしたと思い込んだ猟師が扉を開けたところ、イノシシが起き上がって反撃され、右足中指を噛み切られたという事故も報告されている。

このように止め刺しでは、たとえ獲物が動かなくなっても、本当に絶命したのかそれとも失神しているのかが非常にわかりにくい。殴打や感電などの処置を行った場合でも、必ず最後は〝確実なとどめ〟として、ナイフなどの刃物で太い動脈や静脈を切断して放血する必要がある。

### 失神後も心臓は動き続けるので血抜き作業には問題ない

止め刺しについてこう説明すると、「最初から放血させて止め刺しをすればいいのでは?」と思うかもしれないが、そこが止め刺しの難しいところでもある。たとえば、くくり罠にかかった獲物が茂みの中の蔓などに絡まって暴れている場合、急所を的確に刺すのは至難の業だ。やはりこのようなケースでは、刃物による止め刺しの前段階として、殴打や感電といった手段で獲物の動きを完全に無力化する必要性が出てくる

止め刺しに慣れるまでは、できれば何人かで行うことが望ましい。最後の抵抗で反撃を受けないように集中して取り組もう

というわけだ。

ベテラン狩猟者の中には、最初から放血させたほうがジビエとしての肉質を高める〝血抜き〟になるという考えから、殴打や感電によって失神させることを嫌がる人もいる。しかし、獲物は意識が完全に消失した状態でも心臓はしばらく動き続けているので、速やかに急所を刺せば血抜き作業にまったく影響はない。「毛細血管の血を抜くためには意識がある状態でなければダメ」と考える人もいるが、こうなるとあまりに偏執的すぎると言わざるを得ない。

余談だが、そもそも血液自体には嫌なにおいというものはない。沖縄の「チーイリチャー（ブタやヤギの血の炒め物）」やヨーロッパの「ブラッドソーセージ」「ヤーシエ（カモの血を固めた豆腐のような料理）」など、世界中に血を使った料理が存在している。偏執的に血抜きにこだわる背景には、日本に「血を食べる文化」がほとんどなかったためと思われるので、止め刺しの本質とは分けて考えるべきだと強調しておく。

最後にもうひとつ、ナイフを刺して止め刺した瞬間に、獲物はこれまでにない力で〝最後の抵抗〟を見せるということを覚えておいて欲しい。これは保定の際に見せた〝暴れるような動き〟ではなく、痛みに対する生体的な〝反射〟であり、反撃は確実にこちらに向かって飛んでくる。

イノシシはナイフを刺した瞬間、手に噛みつこうと体をねじ曲げて最後のあがきを見せる。シカは後脚と前脚でこちらの顔面めがけて全力の蹴りを繰り出す。さらにオスジカは角を振り回して、最後の反撃を試みる。もちろん小中型獣だって牙を剝き出しにして、爪で引っ掻いてくる。最後まで抵抗しようとする野生動物の力は、本当にすさまじい。ナイフを刺す瞬間はこれまで以上に集中力を高めて、獲物が完全に絶命するまでしっかりと見届けるべきだ。

# 止め刺しに使うナイフには どのようなものを使えばいい？

ANSWER

## 止め刺し目的なら刃渡り10cmあればいい。メンテナンス性も考えて素材を選ぼう

獲物を放血させて確実にとどめを刺すためには、必ずナイフが必要になる。ナイフには用途に応じていろいろなタイプがあり、形状も様々だが、果たして止め刺しにはどのようなナイフを使えばいいのか。

「ナイフの背の途中から先端にかけて細く鋭い形状になっている、クリップポイントタイプを選びましょう。クリップポイントのナイフは『剣先』と呼ばれるように、突き刺すのに特化した形状をしています。放血では獣の固い皮を貫通しなければならないため、たとえば刃先が緩くカーブしているスキナーナイフなどは止め刺しには向いていません」（太田さん）

獣の皮は私たちが想像する以上に固い。特にオスジカの皮はゴムのような弾力があるため、生半可なナイフでは刃が通らないこともあるので注意が必要だ。

そしてナイフの長さだが、これについては狩猟者によって意見が大きく違っていた。溝曽路さんの回答を紹介しよう。

「私は刃渡り10cmのモーラナイフというスウェーデンのメーカーのナイフを使っています。ベテラン猟師の中には七寸（21cm）や九寸（27cm）といった長さの、いわゆる〝狩猟刀〟や〝山刀（ながさ）〟、〝剣鉈〟と呼ばれるナイフを使う人も多いのですが、罠猟の止め刺し用途に限っては、このような長い刃物は必要だとは思いません」

止め刺しに使うナイフの刃渡りに差が生じるのは、そのナイフを止め刺しだけに使うのか、それとも他の用途にも使うのかという〝違い〟による部分も大きい。たとえば、溝曽路さんの回答にあった狩猟刀や山刀だが、これは獲物を止め刺しするためだけでなく、獲物を仕留めた場所に向かうヤブを払ったり、雑木を切って道をつくるための鉈として使われることも多い。特に銃猟では、猟犬が獲物に絡んでナイフが刺しにくいといった場面も多いため、刃の長いナイフが好まれる傾向にある。そのため銃猟も行う罠猟師の中には、狩猟刀や山刀を使う人が多いというわけだ。

結論としては、獲物の止め刺しだけが目

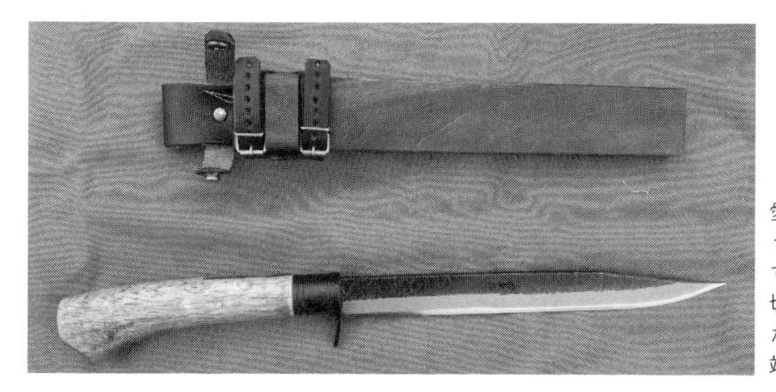

愛好者も多い剣鉈。切っ先は剣のように鋭く、獲物の体に入っていきやすいように身幅が狭い。雑木を叩き切るために刃渡りが長く、振り上げたときにスッポ抜けないように柄の端が膨らんでいるのが特徴だ

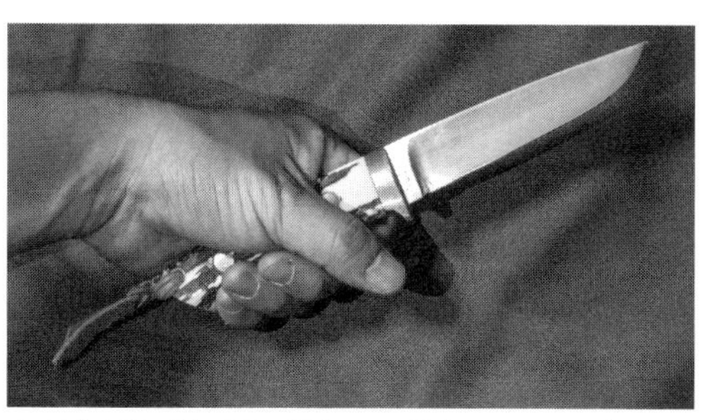

止め刺し用途に限るなら、刃渡り10cm程度のナイフでも十分。ただし、止め刺し時には獲物が暴れて手が滑り、自分の指を切ってしまう事故が多い。フィンガーグルーブや鍔（つば）のあるものが望ましい

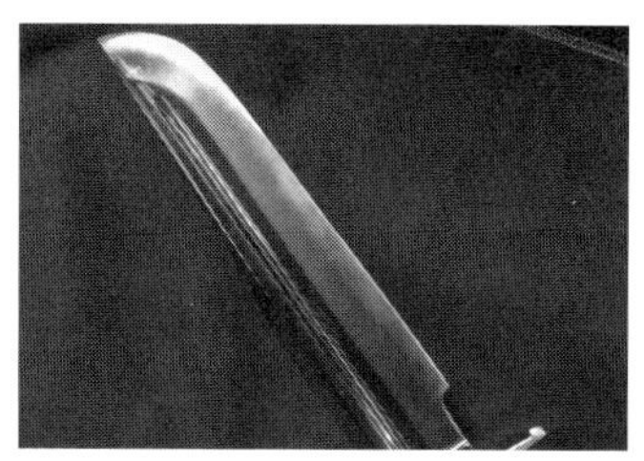

獲物にナイフを刺すと、付いた血を刃が吸着して抜けにくくなるため、狩猟刀の側面にはブラッドグルーブという溝が付いていることが多い。切った野菜がくっつかないように穴が開いた包丁があるが、原理はそれと同じだ

的ならば、刃渡り10cm程度の短めのナイフのほうが取り回しもよく使いやすい。罠猟では銃猟のように回収ポイントまでの獣道を整地する必要はないので、長すぎるものは使いづらいといえるだろう。

## 止め刺しに使ったナイフは使うたびに研ぎ直したい

最後にナイフの材質についてだが、ナイフの素材には鋼製とステンレス製があり、鋼製にはさらに「白紙」や「青紙」といった種類がある。また、柄も木製や樹脂製など、どの素材を選べばいいのだろうか。

「初心者の場合は、刃はステンレス製で柄が樹脂製のものがおすすめです。止め刺しでは刃に血が付着するのですが、血には塩分が含まれているので、鋼製の刃は錆が付きやすいです。また、血は水だけではきれいに落とせないので、木製の柄だと柄と刃の隙間に血が入り込んで腐りやすくなります。こうしたメンテナンス性もよく考えて選べばいいと思います」（山本さん）

メンテナンスについては、小林さんが次のようにアドバイスしてくれた。

「ナイフを止め刺しに使い続けると、刃先の切れ味がすぐに落ちてくるので、使用するたびに研ぎ直すことも大切です」

狩猟においてナイフは使用頻度の高い道具であり、その役割と利用価値は大きい。道具にもこだわりを持つという人は、自分が〝気に入った1本〟を使うというのも、ひとつの選択肢といえるだろう。

# 止め刺しに使う槍って何?<br>ナイフと棒で槍をつくる方法は?

ANSWER

## 棒を差して槍にできるフクロナガサ。<br>苅込みバサミを利用して自作することも多い

罠猟の止め刺しでは、ナイフの代わりに槍が使われることも多い。先に述べたように野生獣は保定されている状態であっても、最後の抵抗では信じられないような力を発揮する。反撃を受けない離れた位置から急所を刺せる槍は、安全面でも非常に有効な道具だ。また、箱罠では檻の目から獲物の急所を狙わなければならないため、柄の長い刃物がどうしても必要になる。

そもそも銃刀法では、刀、剣、槍、薙刀、あいくち、45度以上に自動的に開刃する装置を有する飛出しナイフ（いわゆる「バタフライナイフ」など）は「刀剣類」と呼ばれ、所持する場合は都道府県公安委員会の許可が必要となる。そのため「止め刺しに槍を使うのは違法では？」と思われるかもしれないが、法律上の槍の定義は「穂先から塩首（柄に接した部分）までの刃の長さが15㎝以上のもの」とされているため、15㎝よりも刃渡りが短ければ規制の対象外となる。

また、刃渡り15㎝以上のナイフを棒の先に巻き付けて固定したものであっても、もともと「槍」として製造されていなければ規制の対象にはならない。ただし、銃刀法では刃渡り６㎝を超える刃物を「理由なく携帯」していた場合は法律に抵触する。止め刺し後は車に積みっぱなしにせず、棒に取り付けたナイフ類は取り外して自宅で保管するようにしたい。

では、罠猟の止め刺しに使われる槍にはどのようなものがあるのか。太田さんによると、「フクロナガサ（袋山刀）」と呼ばれるナイフを使えば、簡単に槍として使うことができるのだという。

「フクロナガサは柄の部分が中空になっており、ここに棒を差し込めばそのまま槍として使うことができます」

フクロナガサは秋田県阿仁地方で、昔から活動している狩り集団「マタギ」が使っていたナイフだ。刀身と柄が一体成型され、柄が筒状になっている。伝承によると、マタギたちはこの柄に棒を差し、クマを仕留める槍として使用していたとされる。

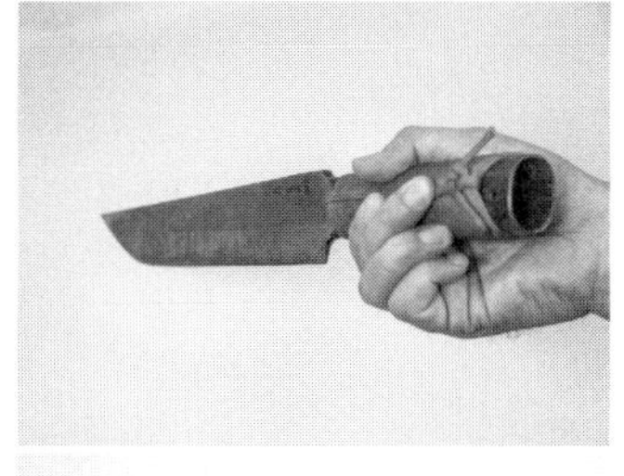

ナイフを棒の先端に固定する方法はいろいろあるが、ロープ一本で完結する「巻き結び」がいちばん楽だ。ロープワークの基本なので、この機会にぜひマスターしておこう

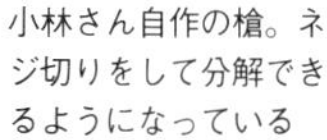

小林さん自作の槍。ネジ切りをして分解できるようになっている

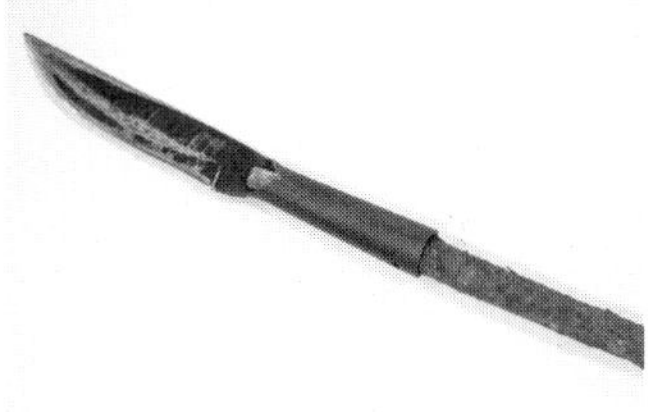

柄が中空になっているフクロナガサ。猟場で柄に合う棒を探すのは大変なので、あらかじめ用意しておこう

## ナイフの固定にも使える汎用性の高いロープワーク

槍を自作したければ、小林さんが教えてくれた方法が参考になるだろう。

「私は苅込みバサミの刃にガス管のメスネジを溶接し、オスネジを切ったガス管に取り付けて槍にしています。刃と柄は溶接よりも取り外しができるほうが、かたづけやすいのでおすすめです。猟師さんの中には、シャーリング（板金を切断する機械）の刃や、自動車のサスペンションに使う板バネを削り出して、刃物屋さんに刃を付けてもらって使っている人もいます」

「苅込みバサミを分解して使う」という小林さんの方法は、コストもかからないナイスアイデアだが、意外なことに山本さん、藤元さん、太田さんの3名も同様に苅込みバサミを分解して槍として使っているという。罠猟師の間では意外と知られたアイデアなのかもしれない。

ナイフを棒にヒモで巻き付けて槍状にするという方法もあるが、ナイフと棒は紐でぐるぐる巻きにしただけではしっかり固定できない。方法としては、棒の先端に刃渡り12cm程度のナイフをあてがい、ナイフの柄の先を一度「止め結び」で縛る。その後、「巻き結び」と呼ばれるロープワークで1回1回強く締め込んでいき、最後に棒とナイフの間を「巻き結び」で締め込むようにする。この「巻き結び（クローブヒッチ）」は、対象物を密着した状態で締め付けることができるロープワークだ。狩猟における汎用性が高いロープワークなので、ロープで獲物を保定するトラッカーズヒッチや獲物の足を縛るダイアゴナル・ラッシングとともに、槍をつくるつもりがない人でもぜひ覚えておいて欲しい。

# 84

## 刃物で放血処理をする場合はどこをどのように刺す？

ANSWER

**鎖骨の隙間から大動脈・静脈を刺す。食肉利用なら頸動脈を切るという手も**

確実に止め刺しするには、獲物の急所に刃物を刺して放血させることが重要である。有害鳥獣駆除目的で食用に利用しない場合でも、必ず放血処置は行うようにしよう。では、放血はどのように行えばいいのか？

動物の体には動脈や静脈など無数の血管が走っているが、どこでもいいから刺せばいいというわけではない。うまく血管が切断できずに何度もナイフを刺すことは獲物に無駄な苦痛を与えるだけでなく、痛みによる反射で反撃を受けるリスクを高めてしまう。放血をするときは、急所となる1カ所だけを刺すようにしたい。

獲物のどこを、どのように刺せばいいのかという疑問に対する回答者の答えを見ると、少しずつだがやり方が異なっていた。まずは山本さんの回答を紹介しよう。

「私は鎖骨のやや上に刃先をあてがい、尾の方向に向けて７～８㎝の深さにナイフを刺し込みます。心臓を突き刺すのではなく、脳から心臓にかけて通る太い動脈を切るイメージです。刃先をあてがうときに体の中心を避けて、左右に少しズラした位置から刺すのがポイントです。体の中心には気道や食道が通っているので、これらを切ると獲物に無駄な苦しみを与えるからです」

回答者の中で最も多いパターンが、山本さんが言う「鎖骨の上あたり」から刺す方法だった。この部分には心臓から脳に血液を送る大動脈、大静脈があり、このいずれかを切断することで脈動とともに血が噴き出し、十数秒程度で失血死に至る。シカの場合は噴き出した血が胸腔に溜まることが多いため、血が出る勢いは「じょろじょろ……」といった感じだが、イノシシの場合はかなり盛大に血が噴き出るので、返り血を浴びないように注意しよう。

余談だが、イノシシやシカなどは鎖骨が退化して消失しているため、正しくは鎖骨ではなく「第一肋骨」になる。しかし、前脚の間にあるＶの字状の骨は鎖骨のように見えるため、人に止め刺しを教える場合は「鎖骨」という表現がよく用いられる。一応、知識として覚えておこう。

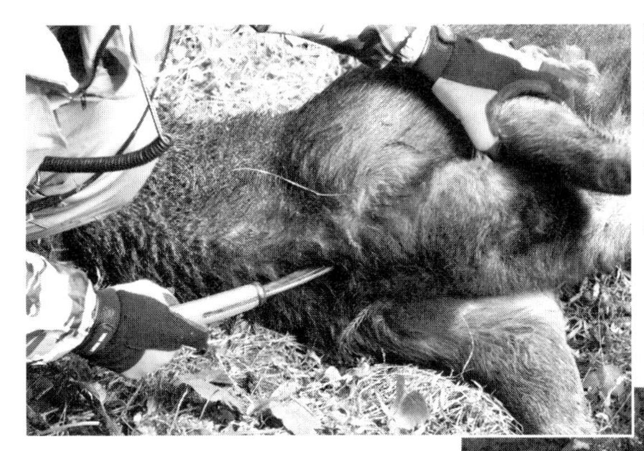

鎖骨の隙間から大動脈や大静脈を狙う場合は、獲物の前脚を持って、左右どちらか（獲物が寝ている方向によって異なる）に寄った位置に刃をあてがう。そのまま勢いよく刺して引き抜く。刃をゴリゴリ動かしたりする必要はない

頸動脈を切る場合は耳の位置を基準にし、あごの下を狙ってナイフを刺す。長すぎるナイフだと食道を傷つけるため、刃渡りは10cm以下が望ましい

## 鎖骨の上から刺せなければ獲物の側面から刺すことも

さて、鎖骨以外の刃の入れ方について、小林さんの回答を紹介する。

「左前脚の裏あたりから肋骨の隙間に刃を通し、心臓を直接刺すといった方法もあります。しかし、刺す位置を間違えると肺や胃を傷つけてしまうので、かなり難しい方法だといえます」

獲物の側面から刺す方法は、ワイヤーが前脚に絡んで鎖骨の位置に刃を当てることができない場合によく用いられる。しかし、小林さんが言うように、かなり慣れが必要な手法なので、鎖骨の隙間が狙えない場合は、次に紹介する溝曽路さんの方法を試してみるといいかもしれない。

「私は耳の下側、あごの付け根あたりにある頸動脈を切断して放血しています。この頸動脈なら大動脈や大静脈を狙うよりも、短い刃物で放血できます。コツとしてはナイフを刺しこんだあとに、あごの骨の下を切るように動かしながら抜くことです」

溝曽路さんは捕獲した獲物を解体施設に持ち込んで処分しているため、解体施設の止め刺し基準で放血を行っている。頸動脈を切る方法では、鎖骨の間を刺すよりも傷口が小さくなるため、食肉を汚染する危険性が少なくなる。ただし、頸動脈をうまく切らないと出血が止まってしまい、完全に放血できなくなる。機会があれば捕獲した獲物のあご周りの皮を剥いでみて、血管がどのあたりをどう通っているのか確認してみるといいだろう。

# 箱罠で獲物までナイフが届かない何か対応方法はある?

ANSWER

## あらかじめ槍を用意しておく。2点保定で壁際まで寄せる方法も

箱罠ではスネアや角材を使って獲物の動きを止めたあとに、刃物で急所を刺して放血による止め刺しを行うのが一般的だ。しかし、檻の目が細かくてナイフが差し込めないことや、獲物までの距離が遠くてうまく刺せないこともある。こんなときはどうすればいいのかと聞くと、藤元さんからは「箱罠猟をするのであれば、事前に槍を準備しておくのが必須です」という答えが返ってきた。

言われるまでもなく、長さのある柄の先端に刃物がある槍で急所を狙うことができれば、これに勝る方法はない。前述したように、槍は苅込みバサミなどを利用すれば簡単に自作できるので、仕掛ける箱罠のサイズを考えて獲物まで届く長さのものを、猟期前に1本つくっておくといいだろう。

では、檻の目が小さすぎてナイフや槍が入らないような箱罠の場合はどうすればいいのか?　このようなケースでは「箱罠を買い換える」という回答が大半だった。最近の箱罠は止め刺しのことも考えてつくられているが、ひと昔の箱罠には止め刺しのことを考慮していない設計のものも意外とあった。もし地元の鉄工所などが店頭で販売している箱罠を購入するときは、扉の開閉の仕組みや強度だけでなく、獲物を止め刺しするときのこともイメージして細部をチェックする必要がある。

### 逃げ回るシカや子イノシシは地面に置いたスネアで引っ張り上げる

超大型の箱罠を使う場合は、檻の外からだと保定した獲物に刃物が届かないケースも十分に考えられる。その場合は次のような方法が有効だと山本さんは言う。

「どうしても箱罠中央で獲物を保定しなければならない場合は、2点保定というテクニックを使います。これはスネアなどで鼻や頭部を保定したあと、さらに別の保定具を使って脚や首を取ります。次に初めの保定具を解いてから、再びその保定具で別の脚を取ります。このように2つの保定具を使って徐々に壁側に獲物を移動させ、槍が

保定は基本的に箱罠の壁側で行う。ウリボウのように逃げ回って捕まえられない場合は、箱罠の地面にスネアを張っておくのも有効

数人で止め刺しする場合は保定具を引っ張ってもらってもいいが、ひとりで行う場合は保定具を木などにくくっておく

頭を押さえたら牙で突かれたり噛まれたりするリスクがないので、檻の目から手を入れて前足をつかんで引き出せる。これで刃渡りの短いナイフでも鎖骨の間に刺すことができる

届く位置まできたら止め刺しを行います」

スネアでくくって牙や角などを無効化している状態であれば、檻の中に手を入れて獲物の前脚をつかんで外に引っ張り出すという手もある。この状態であれば鎖骨あたりがこちらを向くので、刃渡りの短いナイフでも急所を刺すことができる。

なお、箱罠の保定は、ナイフや槍が届くように壁際で行うのが基本だが、子イノシシやシカは箱罠内で逃げ回ってしまい、どうにもならないという状況も起こり得る。このようなときは箱罠中央の上面から入れたスネアを地面に置いておき、獲物が通過した瞬間に引っ張り上げて拘束することもある。箱罠入っている獲物が１頭ならば、そのまま中に入って止め刺ししてもいいが、複数個体が入っている場合もあるので、やはり２点保定というテクニックも覚えておいたほうがいいだろう。

なお、箱罠を逃げ回る獲物は檻に沿って走ることが多いので、壁際の地面にスネアを置いておくこともある。ベテラン猟師の中には走ってきた獲物の足を素早く素手で捕まえて押さえつけてしまう猛者もいるが、常人にマネできることではないと考えておいたほうがいい。

# くくり罠・箱罠の止め刺しで装薬銃を使うときの注意点は？

ANSWER

## 散弾銃のスラッグ弾を使用する。跳弾リスクがある箱罠では推奨しない

Q74と75でも述べたように、大型のイノシシやオスジカがくくり罠にかかっていた場合は、銃による止め刺しで対処するのが最も確実で安全だ。

では、止め刺しにはどのような銃が用いられるのだろう。止め刺しにおすすめの銃について、山本さんは次のように答える。

「私はフランキM521という12番のセミオートマチック散弾銃と、ミロク2700という20番の上下二連式散弾銃を所持していて、どちらの銃でも罠猟での止め刺しはできますが、主に20番の散弾銃を使っています」

この12番とか20番というのは、散弾銃の口径の大きさを意味しており、12番のほうが20番よりひと回り大きなサイズになる。罠の止め刺し用途では銃が軽量になる20番を選択する人も多いが、銃が軽いと撃ったときの反動が大きくなるといったデメリットもある。止め刺しでは何発も弾を撃つことはまずないので、20番のデメリットは小さいのだが、「銃の反動で肩を痛めたくない」という人には12番を選択する人も多い。

罠猟の止め刺しで使用されるのは、ほとんどが散弾銃だ。ハーフライフル銃という100ｍほど先の距離を狙うのに特化した精度に優れた銃もあるが、弾の値段が高く1発千円近いため、現実的ではない。散弾銃で止め刺しに使う弾は「スラッグ弾」と呼ばれる一発弾なのだが、これは1発300円前後なので、コストパフォーマンスに優れている。散弾銃のスラッグ弾でも30ｍくらいまでなら正確に命中させることができるので、止め刺し用としては十分なスペックといえる。

### 止め刺しで狙うのは獲物のバイタルポイント

では、くくり罠の止め刺しで銃を使う場合、獲物のどこを狙えばいいのだろうか？引き続き山本さんに話を聞いた。

「頭、首、心臓付近というバイタルポイントのいずれかを狙いますが、食用にするな

くくり罠猟で銃による止め刺しをする場合は、矢先に土手などの柔らかい土があるポジションに向けて撃つ。万が一狙いが外れても、弾が土手に当たり流れ弾になる危険性を小さくできる

「散弾銃」といえば、鳥を撃つために小粒の弾をバラまく印象だが、強力な一発弾（スラッグ弾）を使って止め刺しする

ら頭を狙います。獲物の側面から目と耳の間を狙うのがベストです。正面から眉間を狙ってもいいですが、弾がそのまま背骨まで到達し、肉の大部分をダメにする危険性があります。心臓付近は狙いやすいですが、内臓を傷つけた場合、肉を汚染してしまうこともあります。獲物との距離は猟場によって違いますが、10～20ｍほど離れて発砲することが多いです」

山本さんによると、銃による止め刺しでは獲物を無駄に興奮させないことが重要だという。

「獲物に近づくときは、とにかくゆっくりと距離を詰めましょう。獲物が興奮すると右へ左へとウロウロしてしまい、うまく狙いを定めることができません。獲物が動き回っている場合はしばらく様子を見ます。落ち着いてきたら足を止めるので、ゆっくりと銃を構えて発砲しましょう」

なお、銃による止め刺しの要件には、「鳥獣の動きを確実に固定できない場合であること」という規定がある。よって「保定を済ませた状態」では、銃による止め刺しができない点には注意が必要だ。

最後に箱罠での銃による止め刺しについては、回答者全員が「跳弾や檻の鉄筋を破壊する危険性があるため、箱罠で銃による止め刺しはしない」と答えている。ただし、超大型箱罠などで、どうしても銃による止め刺しが必要な場合は、小林さんの次の回答を参考にして欲しい。

「そういう場合は、箱罠の上に乗って下に向けて射撃します。この方法であれば、万が一跳弾が起きても地面に吸収される可能性が高いですし、もし鉄筋が割れても檻の下面なので特に問題にはなりません」

なお、「弾を装填したまま運搬しない」「人目に付く場所で裸銃のまま携帯しない」「後方にバックストップがあることを確認する」「矢先に道路や民家がない」といった銃に関する基本的な取り扱いについては、銃を所持する際に受ける猟銃等講習会初心者講習や教習射撃で繰り返し指導を受けることになるので、本書では割愛する。銃の取り扱いは常に安全に配慮し、違反がないよう心掛けよう。

87

# 止め刺しに向いている空気銃とは？口径による違いも知りたい

ANSWER

## 鳥猟にも使えるプレチャージ式空気銃。止め刺し専用なら口径の大きい7.62㎜を

跳弾の危険などを考えると、箱罠では銃による止め刺しが難しいといわれるが、近年は箱罠でも空気銃によって止め刺しが行われるケースも増えてきている。

空気銃とは「ペレット」と呼ばれる弾頭を、圧縮された空気やガスの圧力で発射する銃だ。火薬の燃焼ガスを利用して弾を発射する装薬銃に対して、空気銃はパワーの面で大きく劣る。そのため、かつては「小鳥を撃つ銃」とされ、大型獣の止め刺しに利用されることなど皆無だったが、2000年代頃から「プレチャージ式（PCP)」と呼ばれる仕組みが発展し、従来の空気銃の３～７倍以上のパワーを発揮する銃へと進化を果たした。このプレチャージ式空気銃であれば、20ｍほど先のイノシシでも安全にとどめを刺すことができる。

では、止め刺しに空気銃を使用する場合、どのようなタイプがおすすめなのだろう。小林さんは次のように回答する。

「私は6.35㎜口径のプレチャージ式空気銃で止め刺しすることがあります。この口径なら箱罠だけでなく、くくり罠で捕獲した大型イノシシの止め刺しにも使えます」

空気銃には4.5～7.62㎜までの口径があり、口径が大きいほど発射できる弾のサイズが大きくなるため、獲物に与えるダメージも大きくなる。もし、大物の止め刺しだけに空気銃を使うのであれば、最も大口径である7.62㎜のほうが確実性は高い。しかし、6.35㎜ならカモやキジといった鳥猟にも使うことができるため、「狩猟も楽しみたい」という人は6.35㎜を選択するというも方法もある。

### スプリングピストン式は安価でパワーも十分

パワーの面で飛躍的な進歩を遂げた空気銃だが、それでもパワーは散弾銃（スラッグ弾）の〝1/40〟程度しかない。散弾銃が獲物の頭や心臓の近くに命中すれば、その衝撃波で致命傷を与えることができるのだが、空気銃の場合はピンポイントで急所を狙わなければ、獲物を仕留めきれないと

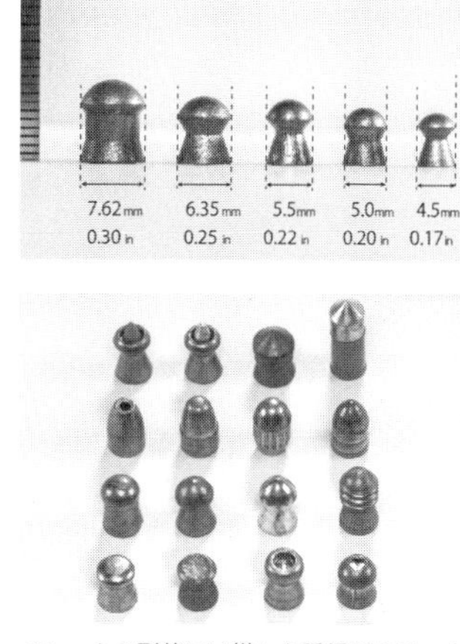


国内に流通している空気銃のペレット。最も大きい7.62㎜が止め刺し用途として主流だが、カモやキジなどの鳥猟では肉の傷みが大きくなる。銃猟もあわせて楽しみたいのなら、6.35㎜がおすすめだ

ペレットの形状には様々な種類がある。止め刺しでは獲物の頭蓋骨を貫通する必要があるので、先端が尖った「スピアポイント弾」や、先端に硬い金属が付いた「メタルチップ弾」などもよく用いられる

止め刺し用によく用いられる、7.62㎜口径のスプリングピストン式空気銃『ハッサン・カーニバー 135』。パワーは申し分ないが、単発装填で反動も大きいため、使いこなすにはかなりの慣れが必要だ

いう問題がある。

「イノシシを空気銃で止め刺しする場合は、眉間を狙って発砲します。イノシシの頭蓋骨は眉間の部分が薄いので、ピンポイントで眉間に命中すれば、巨大なイノシシでも1発で仕留めることが可能です。ただし、少しでも当たる場所がズレると頭蓋骨が厚くなっているので、命中させるには射撃の技術も必要です」（小林さん）

空気銃による止め刺しでは、オスジカを仕留めるのが意外と難しいという意見もある。というのも、オスジカは角を打ちつけ合って喧嘩をするため、眉間の頭蓋骨がイノシシよりもはるかに厚くなっていて、弾が命中しても脳に達しないこともあるからだ。オスジカに空気銃を使う場合は、側面を向いたときに目と耳の中間あたりを狙うのがコツ。どうしても狙いが難しい状況ならば、別の手段で止め刺しすることを考えるべきかもしれない。

プレチャージ式空気銃は、新銃ならば本体価格が30～40万円。これに空気を入れるエアチャージャー（ハンドポンプ）なども入れると50～60万円と高額になる。空気銃を止め刺し用と割り切って考えるのであれば、7.62㎜口径のスプリングピストン式空気銃をおすすめする。バネの力を利用して弾を発射するためプレチャージ式よりパワーは劣るが、罠の止め刺し用なら十分だ。価格も12万円程度でエアチャージャーも必要ないため、プレチャージ式よりも圧倒的に安く手に入る。

ただし連射ができないので、弾は1発ごとの装填となる。独特の反動があって狙いをつけるのが難しいため、くくり罠にかかった獲物を遠距離から止め刺しするには、かなりの射撃練習が必要になることを覚悟しておこう。

# 電気止め刺し器の使い方は？注意すべき点も知りたい

ANSWER

## 箱罠ではよく使われる電気ショッカー。漏電対策や電気の流しすぎに注意が必要

ウシやブタの屠殺では、放血の前に電気スタンナーと呼ばれる電気ショックによって、家畜の意識を消失させる工程（スタンニング）が行われる。これは放血時に家畜が暴れないようにするためと、過度なストレスによる肉質の低下を抑えるためだ。また、家畜に無駄な苦しみを与えないアニマルウェルフェアの側面もある。

箱罠猟の止め刺しでも電気ショックで失神させる方法が用いられており、「比較的安全性の高い止め刺し方法」という回答者からの意見も多かった。通称「電気ショッカー」と呼ばれるこの電気止め刺し器は、どこで手に入れればいいのだろう？

「罠猟具専門店で購入できます。初心者はここで買うといいでしょう。ホームセンターで手に入る資材と12Vバッテリー、インバーター（昇圧器）などを組み合わせて自作することもできます」（小林さん）

実際に電気ショッカーを自作する人は多いが、電極の先端が鋭く尖っていないと獲物の厚い皮を貫通できないため、電極部分だけは罠猟具メーカーから買う人も多い。

なお、電気ショッカーを使用するにあたっては、次のような点に注意が必要だ。

「漏電による感電に注意が必要です。電気ショッカーを使うときは、必ずゴム手袋とゴム長靴を着用して、万が一漏電したときに備えて絶縁対策しておきましょう。雨の日は漏電の危険が高くなるので使用は控えるべきです」（小林さん）

### まずは５秒ほど電気を流して獲物の失神を確認する

具体的な電気ショッカーの使い方については、実際に箱罠での止め刺しに使っている藤元さんが教えてくれた。

「プラス極とマイナス極が独立したタイプの電気ショッカーを使っています。ワニ口クリップになっているプラスの電極を箱罠の檻にセットし、針状になっていマイナス極を獲物に突き刺して電気を流します。電気は獲物が檻に触れた瞬間に流れるので、檻に突進してきたタイミングを見計らって

電気ショッカーのプラス極は檻に接続しておく。ペンキ塗装や錆があると電気が通らないので、削って亜鉛メッキ塗料などで塗装しておこう

藤元さんの場合は地面にコンパネを敷いているので、獲物が檻に突進した瞬間に電極を刺す

獲物がショックで動かなくなるのを確認して５秒ほど待つ。電極を抜いても動かないようであれば、素早く刃物で刺して放血を行う

食用にしない場合は、獲物の鼻にプラス極のワニ口クリップを付けて、さらに数十秒電気を流す。これにより脳にも電気が通るため、完全に止め刺しをすることができる

電気ショッカーは、くくり罠でも使われることがある。この場合、１本の柄に２本の電極が付いたタイプが使用されることが多く、獲物の首の根本あたりを狙って失神させる

電極を刺します。針を刺す場所と獲物が檻に触れた場所の中間に、心臓が位置するようなイメージで電極を刺します。電気を流す時間は獲物の大きさでも変わりますが、５秒ほど電気を流したら一旦切って様子を見て、失神していなければさらに５秒ほど電気を流すようにします」

電気ショッカーを使う場合、電気を流し過ぎると「肉が焼ける」こともあるらしく、ジビエを目的とする場合は「電気の流しすぎには注意している」と藤元さんは話す。なぜ肉が焼けてしまうのかは不明だが、家畜の肉も過度なストレスを受けると、肉が白っぽくてしまりのない「PSE肉」という状態になることが知られている。ジビエ肉が目的ならば、様子を見ながら電気を流して、最後は放血で止め刺しすることだ。

藤元さんは箱罠の底にコンパネを敷いているので、獲物が檻に触れた衝突タイミングで電気を流していたが、底に何も敷いていなければ方法も変わってくる。

「地面が乾燥していると、電気ショッカーの電気がうまく流れない場合があります。私は箱罠の底に散水することで、通電しやすくしています。散水するときには獲物に水を与えて、水に関心が向いた隙に槍を打ち込むこともあります」（虎谷さん）

箱罠の止め刺しで効果的な電気止め刺し器だが、イノシシの場合は柄を噛まれて砕かれることも多い。よって、獲物の関心を別に引いておき、隙をついて刺すという工夫も必要になる。「柄を破壊された場合でも使えるように、予備は必ず用意しておきましょう」（虎谷さん）

# 失神しているのか死んでいるのか？どう見分ければいい？

ANSWER

## 絶命したら獲物の目が開いた状態になり瞳孔が開いて光って見える

くくり罠の止め刺しでは、棍棒や鳶口、バットなどで獲物の頭部を殴打し、昏倒させる方法もよく行われる。獲物がイノシシやメスジカ、子ジカであれば、殴打による脳挫傷によって絶命することも多く、駆除を目的とした場合は放血をせずに止め刺しを完了することもある。ただし、ここで注意が必要なのは、果たして獲物は昏倒しているだけなのか、それとも死んでいるのかという判断である。

死んだと思い込んだことによる事故例を前述したが、完全に絶命していない状態で罠を解除すると、獲物が蘇生して反撃してくる危険性がある。また、放血するときに刺されたショックで意識を取り戻した獲物に、噛みつかれたり足で蹴られたりする危険も高くなる。中でもタヌキやアナグマといった小中型獣の多くは、擬死（死んだふり）をすることもあり、一見すると力なくだらりとした状態であっても、ナイフを刺した瞬間に大暴れすることがよくある。虎谷さんの話によると「アライグマやハクビシンは電気に強く、息を吹き返すことも少なくない」とのことだ。

では、昏倒なのか死んでいるのかの線引きは、どこで行えばいいのかというと、この疑問については回答者の多くが「目を観察する」と答えている。

「多くの獣は、死ぬと目が開きます。つまり、殴打や電気ショックによって獲物が動かなくなったとしても、もし目が閉じているようであれば、まだ息がある可能性が高いと考えてください。また、動物は死ぬと瞳孔が開くのですが、シカの場合は瞳孔が青っぽい濁ったグリーン色に変わります。このような瞳孔の色を観察することで、死んだかどうかを判別できます」（山本さん）

夜行性の獣の多くは、網膜の後ろにタペタムと呼ばれる反射板が付いており、暗闇の中で目が光って見える。獣が死ぬと瞳孔が開いてタペタムが光を反射し、日中では緑色に光って見えるようになる。小中型獣の場合も同様にタペタムを持っているため、ペンライトの光を目に当てて確認するとい

電気ショッカーで止め刺しを完了する場合、まだ意識があれば目を上に向けている（写真上）。完全に意識が消失して死ぬと瞳孔は正面を向いた状態になり、さらに時間がたつと瞳孔が開いて緑色に光って見える（写真下）

イノシシの場合も同様で、まだ意識がある状態では目が上を向く（写真左）。しかし、完全に絶命した状態だと瞳孔がまっすぐ向いた状態になる（写真右）

ナイフによる止め刺しで１分以上経過したが、このオスジカは目が閉じているためまだ意識が残っていることがわかる。止め刺しからの時間や出血量で判断してしまうと、獲物から痛恨の一撃が飛ぶことがあるので、必ず目や呼吸で判断しよう

う判別方法も効果がある。

## 最後の抵抗に十分注意しながら完全に絶命させる

死んだのではなく昏倒だった場合、電気ショッカーならさらに電気を流し、殴打であればさらに打撃を加えて完全に絶命させる。ただし、電気ショッカーの場合は肉が焼けてしまう問題があり、殴打の場合は獲物の位置が悪く頭部を狙えない場合もある。こういったケースでは放血による止め刺しを行う必要があるが、このときは必ず後脚と前脚を踏んで動かなくした状態で、頭を固定してからナイフを突き刺すようにする。保定してから放血による止め刺しをする場合と同様に、殴打や電気ショックで失神させて止め刺しする場合も、獲物の最期の抵抗には十分気をつけて作業を行うようにしよう。

なお、ナイフを刺したあとも少し獲物から距離を取って、様子の観察を続けるようにしよう。急所を的確に突いている場合は脈動に合わせて血が噴き出し、数十秒から１分以内に絶命する。しかし、獲物の頭が傾斜の上側を向いていると血が胸腔に溜まることもあり、出血量だけでは致命傷かどうかが判断できないためだ。

もし出血量からは致命傷なのかが判断できない場合は、呼吸の荒さを確認しよう。出血が進むと脳にいく血液量も少なくなるため、呼吸が次第に速く、荒くなっていく。呼吸が完全に止まったら獲物の目が開いていることを確認し、さらに瞳孔の色から絶命したことを判定しよう。

# 90

# 小型箱罠に小中型獣がかかったらどのように止め刺しをすればいい？

ANSWER

## 水没やスネアで窒息させるのが現実的。電極が細い電気ショッカーを使うこともある

獲物を昏倒させる方法には、殴打、電気ショック以外にも窒息させる方法がある。アニマルスネアを獲物の首にかけて、トラッカーズヒッチなどを使って強く締め上げればいい。呼吸ができなくなった獲物はしばらくして意識を失うため、放血により完全な止め刺しが可能だ。この方法は、角が邪魔で殴打による昏倒が難しいオスジカや、電気ショッカーの効きが悪い小中型獣に有効な手段だとされている。

窒息させるという方法は、小型箱罠でもよく用いられると溝曽路さんは話す。

「有害鳥獣駆除で小中型獣を小型箱罠で捕獲した場合、そのまま水没させて止め刺しをするのが最も安全で確実です。また、大きめのビニール袋に小型箱罠を入れて、中に炭酸ガスを封入して止め刺しをすることもあります」

小型箱罠の止め刺しについては、多くの回答者から「水没させる」という意見が寄せられたが、水没させると毛皮が濡れて腐敗しやすくなるという欠点もある。もちろん、止め刺し後にすぐ皮を剝ぎ、塩漬けなどの処理を行えば腐敗の進行は遅くなるが、止め刺しから解体作業まで時間をおきたいという人も多い。

そこで小型箱罠の止め刺しでは、細いワイヤーを使って獲物の首を取り、締め上げて窒息させる方法もよく使われる。ワイヤーが前脚も一緒に巻き込んだ場合はうまく締め上げることができないため、檻の目から先の尖った鋼製の棒（スパイク）を急所に刺して止め刺しをすることもある。スパイクにはロープなどを固定するペグが使われることもある。

Q 89で「小中型獣は電気ショックに強い」と答えた虎谷さんは、次のような方法で止め刺しすることもあるという。

「電気ショッカーの中には小型箱罠用の電極が細いタイプもあり、これをよく利用しています。ただし、イノシシやシカと違い電極を刺すだけだと息を吹き返すことが多いので、片側の電極を噛ませてから刺すようにしています。こうすることで脳に電気

小型箱罠は「そのまま水没させる」という回答も多かった

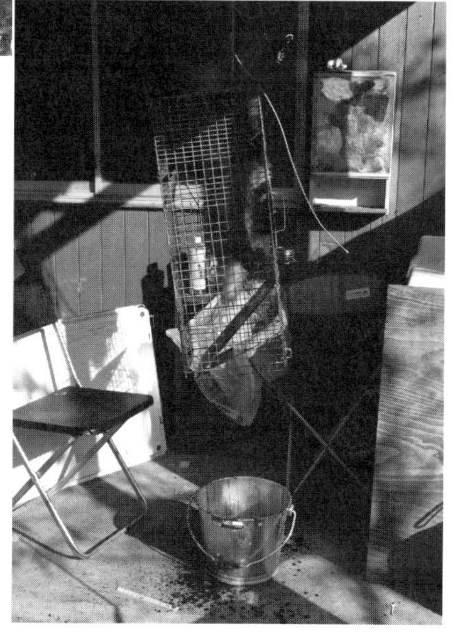
ワイヤーで獲物の首を絞め、小型箱罠ごと吊り上げる。スパイクで獲物の急所を突いて止め刺しを行う

が流れて、速やかに意識を消失します。動きが止まったら一旦箱罠から出し、さらに脊椎に電極を刺して確実に感電死させます」

## 止め刺しの複数の引き出しが罠猟師としての実力になる

Q81から90まで、保定と止め刺しの方法に関する疑問について解説してきたわけだが、ここで改めて強調しておきたいのが、「複数の引き出しを持つ」ことの重要性だ。罠の止め刺しについて小林さんが含蓄のある回答をしてくれたので、最後に紹介しておこう。

「罠猟では、どんなに気をつけて罠を仕掛けても、予想もしなかった状態で獲物がかかっていることもあれば、いつも行っている方法では止め刺しができないといった、〝想定外〟の事態が多数起こります。そして、死に物狂いで抵抗してくる獲物は、私たちの予想をはるかに超えた凄まじい力で抵抗してきます。罠猟を安全に行うためには、止め刺しの方法を複数覚えておき、状況に応じてそれを使い分けられるように、こちらもスキルアップする必要があります」

野生動物を相手に、自然を舞台に繰り広げられる罠猟では、毎回すべてが同じパターンで展開される要素などあり得ない。地形、天候、精神状態、体調など、様々な不確定要素の変化に対応できるように、想定されるあらゆる準備をしておくことが、不測の事態に陥ったときに〝次善の策〟を打つための〝力〟となるのである。

91

# 止め刺しした獲物はどうやって引き出せばいい？

ANSWER

## 引き出す方法とルートは事前に考えておく。ワイヤーを切断する道具も用意する

獲物の放血を行い、瞳孔や呼吸を確認して完全に絶命したと判断できたら、止め刺し作業の完了だ。しかし、罠猟最大のハードルを越えたのもつかの間、すぐに次のハードルが待ちかまえている。それが仕留めた獲物を回収する〝引き出し〟の作業だ。引き出しには、獲物を山から下ろして解体場所に運搬するまでの一連の作業が含まれるのだが、ジビエ肉として活用するなら引き出しは迅速に行わなければならない。

というのも、動物は生体反応が停止してしばらくすると、新陳代謝やそれまで体を保護していた免疫機能が停止する。獲物を止め刺しした状態で放置しておくと、腸内細菌の活動で消化器官が膨れ上がり、解体時に内臓を傷つけるリスクが高くなってしまう。さらに時間がたつと消化器官から内容物が染み出し、食肉に排泄物臭が付くことになる。

放血処理は獲物に確実な止めを刺すために必要だが、実は放血することで獲物の体温を速やかに低下させるという理由もある。微生物の活動やタンパク質の分解は温度が高いほど活性が高くなるため、放血して体温を急激に下げることで高い温度帯を素早く抜けることができるというわけだ。

止め刺しから解体場所に持ち込むまでの時間は、気温によっても異なるが、適切に放血ができた状態であれば１～２時間以内が望ましいとされている。しかし、獲物を捕獲した場所や獲物の大きさによっては、止め刺しした場所から車に積み込むまでに時間がかかるケースも考えられる。こんなときはどのように対応すればいいのか？

仕留めた獲物は基本的にジビエ処理施設に持ち込んでいるという山本さんは、次のように話す。

「そもそも獲物を搬出できる場所に罠を設置するというのが正しいアプローチです。銃猟では獲物がどこで捕獲できるかわからないので、谷間から獲物を引っ張り上げるのに時間がかかることがあります。しかし、罠猟は獲物を捕獲できる場所を好きに決めることができます。罠をかける前に、車ま

で引き出すことを考えて罠を設置する場所を決めましょう」

罠猟では「罠をかける」だけでなく、見回り、止め刺し、そして引き出しまでをセットにして考えておく必要がある。止め刺しについてはイレギュラーな要素も多いので、その方法をいくつか用意しておく必要があるわけだが、引き出しに関してはすべてを狩猟者側がコントロールできる以上、罠を設置する段階で考慮しておかなければならないということだ。

## 絡んだワイヤーが外れなければ回収にも時間がかかってしまう

くくり罠で獲物の回収に時間がかかる理由のひとつが、ワイヤーが外れないためだ。獲物にかかったワイヤーは仕掛けたときと逆の手順で解除すればいいはずだが、獲物が雑木などに絡まってしまい、ワイヤーがグチャグチャになって獲物の脚から外せないケースも多い。特にバネを止めるストッパー付近のワイヤーが絡むと、素手で外すのは不可能になる。そんなときの対処法を小林さんが教えてくれた。

「ハンディタイプのワイヤーロープカッターを用意しておきましょう。獲物のワイヤーが絡んでも、細かく切断することで取り外すことができます。また、どうしてもワイヤーが切れないようなねじれ方をしている場合は、スネアの付いた脚を切断する方向で考えます。地主の許可があるのなら、ワイヤーが絡んでいる木を切って回収するという手もあります」

くくり罠では獲物が猛烈な力でワイヤーを引っ張るため、根付をしたシャックルがガチガチに固まって指で回せないことも多いので、ラジオペンチなどのツールも、止め刺し時には携行したい。また、スギなどの樹皮が柔らかい木では、根付のワイヤーがめり込んで外せないケースもある。そこで針金を結束する「シノ」という工具も用意しておくと重宝するはずだ。

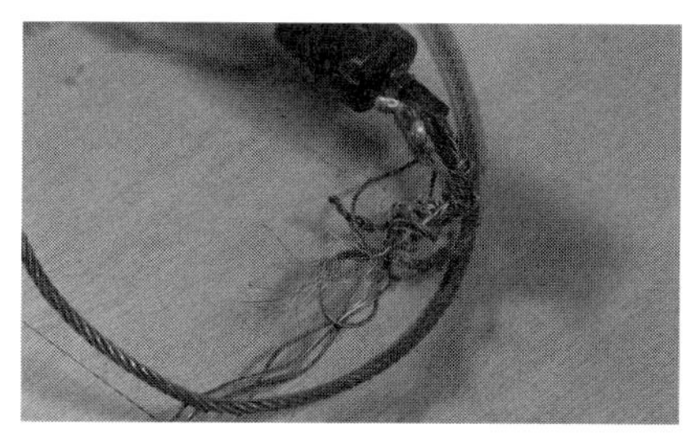

バネのワイヤー止めの部分がキンクすると、獲物の脚からスネアを外せなくなる。この場合はスネアを切断するしかない

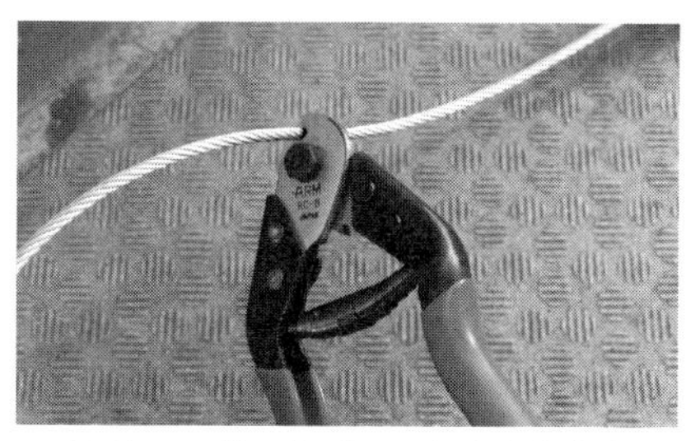


ワイヤロープカッターはハンディタイプがおすすめ。断面がバラけるので加工には不向きだが、絡んだワイヤーを切断するのには使える

シャックルが噛んだときは、写真のようにくくり金具を利用して緩めるという手もあると小林さんが教えてくれた

# 放血した場所での罠の再設置はOK？現場をきれいにする方法を教えて

ANSWER

## 血を気にするかどうかで意見が分かれる。ソリなどの上で放血するという方法も

放血処理でしばしば問題になるのが、血の〝におい〟である。放血した血は地面に染み込むため、長い間その周辺に血のにおいが残り続ける。においに敏感な野生動物にとってそれが違和感となり、猟場周辺には獲物が寄り付かなくなるという人もいる。この疑問についての答えは、回答者によって分かれる結果となった。

「止め刺しのとき血を獲物が警戒するということはあまり考えません。止め刺ししたのと同じ場所にくくり罠を再設置することも多く、実際に獲物も捕獲できています。どうしても血が気になるようなら、罠を設置した獣道から少し外れた場所で獲物を保定するようにし、そこで放血するといいでしょう」（溝曽路さん）

「地面に血が染み込んでも、2、3日で微生物が分解するのでにおいの影響はあまりないと思います。同じ場所にくくり罠を設置することも多いですね。箱罠の場合は床に敷いたコンパネの上で放血するので、血を水で洗い流してから少し乾かして、再度餌を置いて使っています」（藤元さん）

こうした意見に対して、「血のにおいは気にする」と回答するのが折茂さんだ。

「放血した場所にくくり罠を再設置することはありますが、やはり血のにおいは獲物を警戒させると思います。再設置する場合は血が染み込んだ土を掘り返し、なるべく遠くに捨てにいくようにしています」

血のにおいを気にするという人の意見としては、「獲物の下にブルーシートを敷いて放血する」「運搬用のソリの上で放血する」「その場で放血せずに車まで引っ張り出してトロ舟に乗せて放血する」など、その場に血を流さないための工夫をしているというものもあった。

### 猟場に血を残したままだとタヌキやクマを誘引するリスクも

止め刺しをした場所にしばらく獲物が近寄らなくなるという現象は、確かにしばしば見られるのだが、その原因が本当に血のにおいによるものなのか、それとも罠にか

獲物の引き出しでは道路上を通ることも少なくない。道路上に血痕が点々とついていると、事情を知らない人は恐怖に感じるもの。溝曽路さんは道路に血痕を残さないために、ソリを使って引き出しを行っている

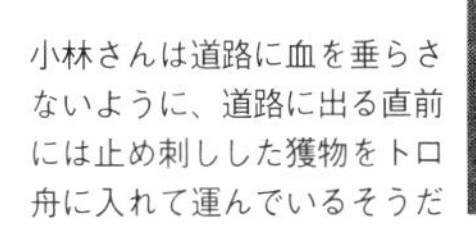

小林さんは道路に血を垂らさないように、道路に出る直前には止め刺しした獲物をトロ舟に入れて運んでいるそうだ

かった獲物が止め刺しされたときの鳴き声や気配などが、周囲にいた獲物に警戒心として伝わっているのか、理由を特定するのは難しい。しかし、猟場に血を残すことについては、複数の回答者から別の視点での指摘があった。

たとえば、山本さんは「猟場に血を残していると、タヌキなどの小中型獣が寄ってくることが多いです。くくり罠を再設置するときは錯誤捕獲の可能性が高くなるので注意が必要です」と話す。また、「血のにおいでクマを誘引するリスクがあります。くくり罠を民家の近くに仕掛けるような場合は、血の処理もあわせて行う必要があるでしょう」と小林さんは言う。

なお、人目に付くような場所で放血処理をする場合や、止め刺しをした獲物を道路上に引き出す場合は、その場に血痕を残さないように十分配慮しよう。地元の人や一般のドライバーが道路にしたたる血痕を見たら、驚かないはずはない。それが原因で「ハンターはマナーが悪い」といったトラブルも起こっているので、血痕の処理はしっかりとやっておくべきだ。

93

# 罠を再設置するのに空ける期間は？獲物を寄せつけないためにはどうする？

ANSWER

## 寄ってくるモチベーションが高ければリスクがあっても獲物はやってくる

一度罠で獲物を捕獲すると、同じ場所に再び罠をかけても何かしらの理由で獲物が寄ってこなくなることがある。そんなときは、しばらく猟場を休ませることも有効かもしれないが、果たしてどのくらい空ければいいのか。溝曽路さんは同じ場所にも再設置するという考えだが、獲物が寄りつかなくなった場合は、もっと根本的な対策を考えるべきだと話す。

「罠を仕掛けた獣道の先に餌場があるなど、獲物がどうしてもその場所に向かいたいというモチベーションが高い場合は、同じ獣道を別の個体が通ることはよくあります。もし獲物を捕獲した猟場に他の獲物が近づいてこなくなった場合は、獲物が警戒したというよりも、そのエリアに近づくモチベーション自体が低くなったと考えられます。猟場を休ませる期間で測るのではなく、周囲の植生や餌場の存在を再度観察し直して、改めて計画を立てたほうがいいでしょう」

野生動物の行動は、人間に比べてはるかに合理的だ。たとえ人間が残した違和感によるリスクがあっても、それが餌を食べられるという〝リターン〟に見合うと判断すれば、獲物を捕獲した次の日に同じ獣道を通ることもあり得るというわけだ。

また、誘引捕獲の場合も、まったく同じ場所にすぐに罠を再設置しても問題ないと小林さんは言う。

「シカの場合は、捕獲した場所と同じところに誘引捕獲をセットします。この方法で３日連続して獲れたこともあります。イノシシはやはりにおいに敏感なので警戒心は上がるようですが、私は特に期間を空けることを気にしたことはありません」

誘引捕獲でも、獲物が寄ってくるかどうかは餌に対するモチベーションの高さが関係していると考えられるため、たとえば周囲にまったく餌がなくて獲物が飢えているような状態であれば、違和感のあるなしに関係なく餌（罠）のある場所に寄ってくるというわけだ。

これは箱罠においても同様で、箱罠があ

罠猟を行っていると、獲物がリスクを感じる点とリターンを感じるポイントに気づくようになってくる。捕獲する場合はリターンを最大限に活かし、リスクについては防除のために農家さんへアドバイスするという両面で活用しよう

ることの違和感を餌の魅力が上回れば、獲物は箱罠に入ってくるようになる。獲物を捕獲したあとは、期間をどのくらい空けるかを考えるよりも、餌の種類や撒き方を変えて誘引力を高める工夫をしたほうが効果は高そうだ。

## 農地に獲物が侵入する原因が自分たちにもあることを理解する

さて、ここまでは獲物を再設置した罠に寄せる話をしてきたが、逆に「獲物を寄せ付けない」ようにする方法はあるのだろうか。というのも、有害鳥獣駆除で農地周辺に罠を仕掛ける目的は、獲物の捕獲ではなく農地に鳥獣を出没させなくすることだ。つまり、鳥獣被害を受けている当事者にしてみれば、たくさん捕獲することよりもその数が減ることのほうが望ましいに決まっている。この疑問について専業で有害鳥獣駆除を行う藤元さんは次のように話す。

「農地に出没する野生鳥獣を減らすためには、被害を受けている当事者が対策をするしかありません。私たち猟師は農家さんに頼まれて罠をかけることも多いのですが、捕獲数は伸びても被害は減らないといった状況はよくあります。そしてその原因を探してみると、廃野菜を放置していたり、農地周りの草刈りができていないという原因が見つかります。さらに困ったことに、被害当事者の農家さんたちは、野生鳥獣を呼び寄せている原因が自分たちの行動にもあるということを、あまり理解していないという現実があります。猟師の仕事は獲物を捕獲することも大事ですが、このような人たちに野生鳥獣を寄せ付けないようにする施策をアドバイスすることも、とても重要な仕事なのです」

合理的に行動する野生鳥獣は、狩猟者がどんなに獲物を捕獲して周囲の違和感を高めたとしても、それにより得られるメリットが大きければ、かまわず農地などに侵入してくる。この事実はいまや〝当たり前〟のことのように語られているが、イノシシやシカが急増したのはここ十数年のことにすぎない。罠猟を行う人は、野生鳥獣が感じるメリットとデメリットを正確に判断し、捕獲と被害防除のどちらにも対応できるように目を養っていってもらいたい。

94

# 獲物を車まで引っ張る方法は? 常備しておくべき工具があれば教えて

ANSWER

## シートで巻いてロープで引っ張るのが現実的。ソリや専用道具があれば効率はアップする

獲物の罠を解除したら、猟場から車まで引き出す必要がある。小中型獣や小ジカ、子イノシシ程度であれば、足を持って引きずっていく方法が一般的だが、マダニという厄介な存在には注意しなければならない。

マダニは野生動物の体表に寄生しており、人間が触れることによって服、靴などに乗り移ってくる。そして、体温を感知して皮膚まで移動し、口器にある歯を皮膚に突き刺して血を吸うのだ。このときマダニは麻酔成分を放出するため、咬まれた直後は気づかないが、2、3日でひどいかゆみと灼熱感に襲われる。マダニには重症熱性血小板減少症候群（SFTS）ウイルスをはじめ、様々な病原菌を媒介するリスクもあるため、獲物の引き出しの際はできるだけ獲物に触れないように運搬することが望ましい。

では、回答者はどのような方法で獲物を猟場から引っ張り出しているのだろう。折茂さんは次のように語る。

「ロープで引っ張るのが一般的です。イノシシを引っ張る場合は上あごの牙にロープを引っかけて頭側から引っ張り、シカの場合は後脚にロープをかけて引っ張ります。シカは首が長いため、頭に地面の小枝や枯れ葉が溜まっていると、摩擦が大きくなり引っ張りにくくなります。特にオスジカは地面に角が刺さって邪魔なので、後脚から引っ張るようにしましょう」

獲物にロープを結ぶときは、Q83 で紹介した巻き結びで、イノシシの上あご、またはシカの後脚を束ねてロープを2重、3重に巻いて連結すればいい。使用するロープは直径9㎜、100ｍ巻きのトラロープが、保定にも使えるのでおすすめだ。

「摩擦を小さくする」というテクニックとしては、虎谷さんの方法も参考になる。

「私は獲物をブルーシートで包み、シートごとロープをかけて引っ張っています。こうすることで地面との摩擦が減って、獲物を引っ張りやすくなります」

ブルーシートで包む場合は獲物からブルーシートが外れないように、丸太結び(ログヒッチ）を使うといい。丸太結びはその

シカは後脚を縛って引っ張ればいい。イノシシは首が短いので頭を引っ張る

雪上用ソリの代わりにプラスチックのドラム缶を半分に切ったものもよく使われる

ロープワークが苦手な人は、あらかじめ引き出し用の道具をつくっておくといい。ワイヤーに取っ手を付けたこの道具は、獲物の頭を上げた状態で後ろ向きに引くことで、女性でも100kg近い獲物を引っ張ることができるという

名のとおり、丸太のような棒状の重量物を引っ張るロープワークで、ブルーシートに包んだ獲物のように表面がツルツルしている状態のものでも、安定して引っ張ることができる。さらにこの結び方には吊り上げたときにブラブラしにくいといった特徴もあり、引っ張っている途中で獲物が坂から滑り落ちた場合でも、体勢が立て直しやすいといったメリットがある。回収にクレーンやウインチを使って吊り上げるときにも、このロープワークがよく使われる。

## 雪上用の大型ソリに乗せて ロープワークも駆使して運ぶ

引き出しには溝曽路さんのように、雪上用の大型ソリを使う人も多い。ソリは止め刺し時の盾としても使えるし、修理が必要な罠や、工具類をソリに乗せて運ぶことができる。

ただし大型ソリに獲物を乗せて斜面を引っ張って上っていると、獲物が転げ落ちるといった問題がある。そこで罠猟ハンターの中には、プラスチック製のドラム缶を半分に切ったソリが使われることも多い。このソリは曲面が大きいため、斜面でも獲物の姿勢が安定するというのが特徴だ。もちろん溝曽路さんが使う雪上用ソリでも、丸太結びを併用すれば斜面で獲物が転げ落ちる心配も少なくなる。どのような引き出し用の道具を使うかは、猟場や車を停めている場所までの距離を考えて最適なものを選ぶようにしよう。

95

# 獲物が大きすぎて引っ張るのが難しい うまく引っ張る道具や方法とは?

ANSWER

## 自力で難しければ滑車やウインチを使う。最後は現地で解体するという方法も

シカにせよイノシシにせよ、一般的なサイズの獲物であればロープ1本、あるいはブルーシートやソリなどを使って引き出すことができるはずだが、不測の事態というのは常に起こり得る。たとえば、100kgを超えるような大物がかかった場合、とても自分ひとりで引き出すことはできない。おそらく女性であれば70kg程度のサイズでも難しいだろう。

このような場合、あとからの作業も考えて助っ人を呼ぶのが一番確実だ。もし4人いれば、前脚と後脚をそれぞれが持って運べるので、どんな大物でも山から引き出すことができる。人数が2人なら、獲物の脚を筋交いに結んで丸太で担げば、何とか運び出すことが可能だ。

しかし、いつも他人を当てにするというのは、罠ハンターとして望ましい姿ではない。最終手段として助っ人を呼べる〝人間関係〟は構築しておきながら、万が一に備えて大物を引っ張り出す術を用意しておくべきだが、どのような方法があるだろう。溝曽路さんに聞いた。

「車で近くまで乗りつけられるなら、ロープを使って引っ張り出す方法が考えられます。車には牽引するためのフックが付いているので、そこにロープを結びます。車がバックできないような場所であれば、ウインチを使います。最近はシガーソケットの12V電源を利用したタイプや、充電式のポータブルウインチもあるので、万が一に備えて用意しておくといいでしょう」

車で乗りつけるのが難しい場合は、「獲物をソリに乗せて固定し、ロープとスナッチブロック(一部が開いて、ロープの中間部にも素早くセットできる滑車)、大型シャックル、ナイロンスリングなどを駆使すれば、少しずつ引っ張り出すことができます」と藤元さんが教えてくれた。

この方法は間伐した木を山から引き出すロギングの道具と、そしてテクニックが必要になるため、初心者にはかなり難しい方法かもしれない。これらの道具を個人で買うのは費用的にも厳しいが、アメリカ軍の

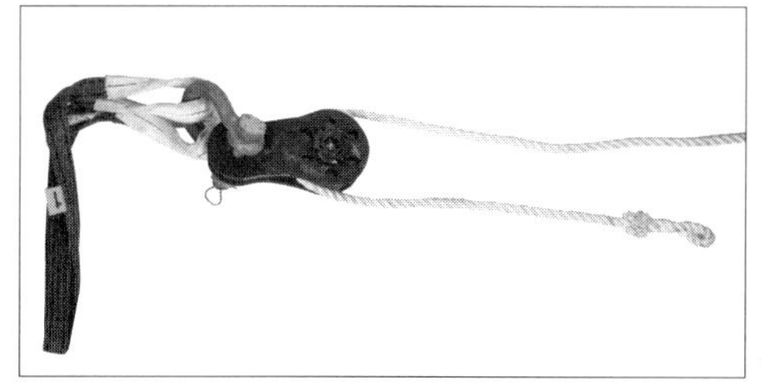

藤元さんは「万が一」の場合を考えて用意している道具類を駆使して、超大型の獲物を山から引き出すこともある。使い方はまずスリングを木に巻き付けてシャックルで固定し、定滑車やスナッチブロックを連結。ここにロープを通して引っ張って動かす。引っ張る方向に角度を付けたい場合は、同様のシステムを2、3個準備しておく

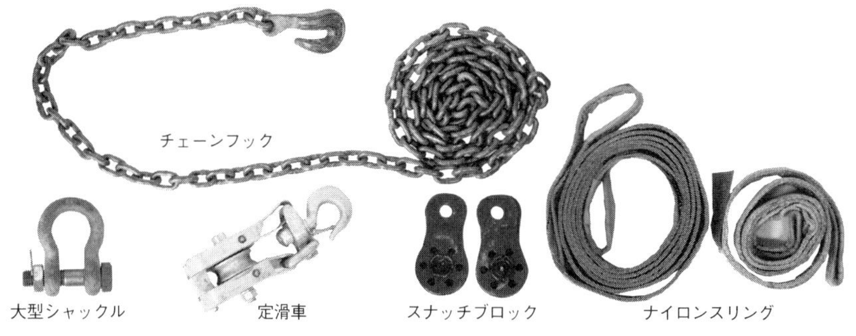


放出品の中にしばしば紛れ込んでいることがあるそうなので、興味のある人は調べてみて欲しい。

## 内臓を取り出して軽量化するか
## 肉だけ切り出して背負って持ち帰る

　最終手段としては、小林さんの意見も参考になるかもしれない。

「獲物が大きすぎてお手上げ状態になってしまったら、その場で内臓をすべて抜けばだいぶ軽くなります。もちろん、そのあとの引き出しの作業で腹の中は落ち葉や土で汚れてしまいますから、決して推奨される方法ではありませんが。また、本当の最終手段としては、その場で解体して肉だけを持ち帰るという手もあります」

　内臓をその場で取り出すパターンでは、ひもなどで腹を縫ってから引っ張り出すことで、汚れをなるべく少なくする人もいる。なお、取り出した内臓をそのまま放置すると、クマが寄ってきたり悪臭の原因となるため、深めに穴を掘って埋設処理する。

　現地で解体する方法は、単独猟の銃ハンターがよく行うテクニックだ。解体用の懸吊ハンガーと滑車がセットになったホイストを使って木に吊り上げ、体表に付いた泥が肉に付かないように慎重に作業を行おう。すべて持ち帰らないのであれば、肉の一部だけを切り分けて持ち帰るという方法もある。この場合は、切り出した肉を直接地面に付けないようにブルーシートを用意しておき、肉はペットシートなどの吸水性のある素材に包んで余分な体液（ドリップ）を吸着させる。それらをビニール袋にくるんで、リュックで背負って持ち帰るわけだ。

　この場合も肉以外の残渣は、穴を掘って確実に埋設処理すること。「立つ鳥跡を濁さず」を肝に銘じておきたい。

# 96

# 重い獲物を軽トラの荷台に乗せる効率的な方法と便利な道具とは？

ANSWER

**トロ舟とラダーを使って押し上げる。軽トラならクレーンやウインチが便利**

獲物を何とか車のある場所まで引き出したら、次はそれを積み込まなければならない。起伏があるとはいえ、地面なら獲物を引きずることもできたが、車の荷台は高さがある。軽トラの場合、地面から荷台の床までは65cmほどあるので、自力で持ち上げられるのはせいぜい50kg程度か。やはり道具がなければ巨大な獲物を車に積み込むことは不可能だ。

荷台に積むための道具として「トロ舟を使えばかなりの大物も荷台に乗せられる」と話す小林さんに話を聞いた。

「トロ舟は、左官屋さんがコンクリートを練るために使うプラスチック製の容器です。このトロ舟を横向きに立てた状態で獲物の背中にくっつけて、そのまま獲物の脚をつかんでひっくり返せば、トロ舟の上に獲物を載せることができます。次に獲物が収まったトロ舟の端を持ち上げて軽トラの荷台の端に斜めに乗せ、反対側を下から押すようにして上げてやることで、荷台に乗せることができます」

トロ舟はホームセンターでも売られているが、イノシシやシカがスッポリ入るような深くて大きいサイズは、インターネット通販で買うほうが手っ取り早い。サイズは大きければ大きいほどいいのだが、自分の使う車のサイズもあるので、それに合ったものを選ぶようにしよう。またトロ舟と組み合わせて、アルミラダーを使うという方法もある。トロ舟ごとラダーの上を滑らせれば、80kg程度であれば女性ひとりでも荷台に乗せることができる。

## 軽トラの鳥居に滑車を付けてロープとアルミラダーで引き上げる

では、100kgを優に超えるような巨大な獲物はどのように乗せればいいのか。このサイズになると重さだけでなく全長もかなりの大きさになるので、「さすがに自力で荷台に上げるのは難しい」という意見が多かった。車も荷台の大きな軽トラ以外だと、収まりきらない可能性があるので、軽トラを持っている猟仲間に協力を求めよう。

## トロ舟へのシカの乗せ方

①獲物の背中にトロ舟を立てかける

②獲物の四肢を持ってひっくり返す

③トロ舟ごと獲物が倒れて、トロ舟の上に乗る

アルミラダーがあれば、女性でも獲物を引っ張り上げることができる

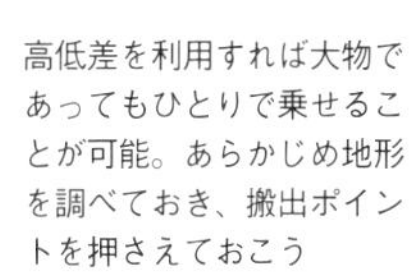

高低差を利用すれば大物であってもひとりで乗せることが可能。あらかじめ地形を調べておき、搬出ポイントを押さえておこう

気になる積み込みの方法だが、軽トラに電動のクレーンや荷台用のウインチを付ければ、スイッチひとつで積み込みが完了するので理想的。ただし、これはお金に余裕があればの話なので、現実的なのが軽トラの鳥居に滑車を取り付ける方法だ。

まず荷台に斜めに渡したアルミラダーの下端に獲物を乗せて、ロープを結んで滑車に通す。ロープの端は木などに固定しておき、このまま軽トラをゆっくり前進させると、獲物がアルミラダー上を滑りながら荷台に乗るというわけだ。もし鳥居の強度に不安があれば、荷台に強度のあるロールバーというパーツを取り付ければ安心だ。

# 97

# 荷室に乗せた獲物の血やダニが心配 有効な対策や便利なアイテムは?

ANSWER

**ビニール袋を2枚重ねてテープ止めする。納体袋やドラム缶の内袋なども役立つ**

獲物の積み込み役立つトロ舟だが、トロ舟に獲物を入れておけば、刺し跡から漏れ出る血液や体液、糞尿などで荷台を汚す心配がない。しかし、トロ舟といえども〝におい〟を防ぐことはできない。放血した獲物からは血のにおいだけでなく、野生動物特有の〝獣臭〟が全身から漂ってくる。特に発情期のオスジカには、何とも表現しがたい独特な〝シカ臭〟があり、慣れていない人はかなり強烈に感じるかもしれない。「狩猟専用車だから問題ない」という明確な意思があればいいが、もし家族も使う車だったりすると後々トラブルになるのは避けられないだろう。

しかし、問題なのはにおいよりもマダニである。マダニは寄生主であるシカやイノシシの体温が低下すると、別の場所に移ろうと這い出てくるため、トロ舟の中を大量のマダニがウヨウヨと動き回っていることもある。中にはトロ舟から脱出する不届き者もいるので、車内には恐ろしい〝サイレントキラー〟が潜むことになる。

こうしたにおいとマダニに対して、どのような対策を講じることができるのか?

「ホームセンターで売っている大きいビニール袋に獲物を入れておくといいでしょう。小中型獣であれば1枚で足りますが、大型獣なら後脚からと頭から2枚を使って、つなぎ目を幅の広いビニールテープなどで止めておきます。殺虫剤を撒いてビニール袋内に充満させておくと、マダニ対策としては万全です」(日和佐さん)

殺虫剤を使う場合、蚊やハエ、ハチ、アブなどに特化した殺虫剤は、ダニ類に効く殺虫剤と薬剤が異なるため効果が薄い場合がある。マダニ対策をするときは容器の裏面を見て、マダニが適用害虫とされているタイプを選んで購入しよう。

## 獲物を車に積むための袋として 布団圧縮袋なら丈夫で再利用できる

ビニール袋以外にも使える袋があると、小林さんが教えてくれた。

「布団圧縮袋がおすすめです。特にオスジ

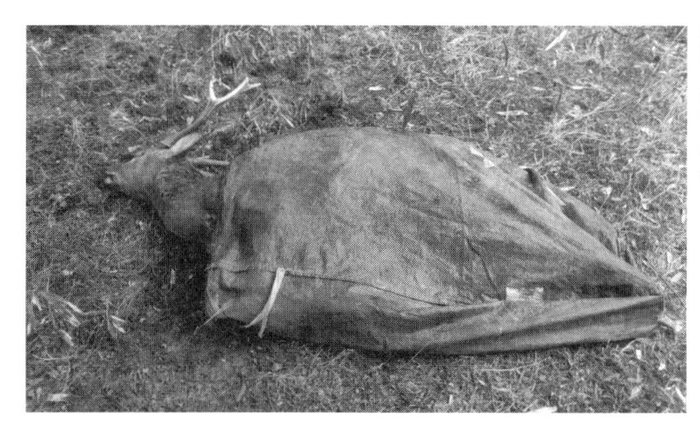

獲物を車の荷室に載せて運ぶときは、ダニなどが飛散しないようにできるだけ全身に袋をかぶせてすっぽり覆った状態にする

藤元さんは軽トラも所有しているが、気分によって軽 SUV で見回りをすることもある。車体後部には折り畳み式のヒッチキャリアとスコップのホルダー、ジェリ缶には水が 20 リットル入っている

カの場合は角でビニール袋が破れてしまうことがありますが、布団圧縮袋は厚みもあって頑丈です。ホームセンターでも購入できて、血やマダニが付いてもきれいに洗えば使い回すことができます」

獲物を入れる袋としては、これ以外にも遺体を収める納体袋や、ドラム缶に水や木屑などを入れるときに使う内袋といった意見があった。値段とサイズなどもチェックして、よさそうなものを選ぼう。

車については、やはり汚れを心配しなくていい軽トラが鉄板だが、それ以外の車種ではヒッチキャリアを車の後部に取り付けるという手もある。キャンプブームの影響もあってか、最近はSUVだけでなくセダンタイプにも取り付け可能なヒッチキャリアが販売されている。車側にヒッチメンバーという牽引パーツを取り付ける必要があるが、それでも総額10万円前後で済むので、普通車を狩猟用に使う際の大きな選択肢になるだろう。

なお、軽トラで獲物を運ぶ際は、カバーをかぶせておくこと必要がある。軽トラの荷台は丸見えなので、屠体を見慣れていない人が驚いて事故でも起こしたら大変だ。専用のカバーでなくてもいいので、ブルーシートなどを風で飛ばないようにロープでしっかり固定しておこう。

# 踏み板やトリガーをなくさない工夫とパーツ類の交換目安とは?

ANSWER

## 見つけやすいピンクテープを巻いておく。初心者は早めに交換するのが望ましい

獲物を車両に積み込んだら、ようやく罠猟の全工程が完了となる。罠の設置、見回り、止め刺し、引き出し、どの工程にも事前にしっかりとした準備が必要となり、常に不測の事態に備えた柔軟な対応が求められることがわかったと思うが、これですべての作業が終わったわけではない。罠猟をこれからも続けていくためには、猟具や道具、工具などの整備と保管が欠かせないのである。

罠猟で使用した猟具は、基本的に猟を終えた時点ですべて回収するのだが、意外になくすことも多い。特に踏み板やトリガーは、大きなイノシシが掘り返して地中に埋まってしまったり、遠くに放り投げられて見失ってしまうこともある。こうしたパーツは使い回いしが前提なので、なくすのは痛い。跳ね上げ式くくり罠の場合、アームの付いた踏み板は3,000円近くする。

踏み板を紛失しない工夫として、日和佐さんは次のようにアドバイスする。

「踏板に小さな穴を開けておき、そこに細いテグスを通します。これを外筒に結び付けておけば、踏み板だけがなくなることは少なくなります。また、外筒に色のついたリボンを付けておくのもいいでしょう」

道具にピンクの色付きリボンやビニールテープを巻いておくという意見は、他の回答者からも多く出された。これは山の中で物を失くすと、想像以上に探すのが大変だからというのが理由だ。踏み板だけでなく、ハンマーやラジオペンチ、ワイヤーカッターといった工具類にもピンクテープを巻き、万が一紛失した場合でも見つけやすくする工夫をしておこう。余談だが、山の中で紛失して最も困るものが「車の鍵」だ。山に入るときは必ずファスナー付きのポケットに入れるなど、なくさないための対策を習慣化しておきたい。

### 交換のタイミングはパーツの種類やダメージで判断

獲物をかけたくくり罠は、ほとんどの場合、どこかに故障や傷みが発生するため、

罠猟では止め刺しや引き出しなどの作業で、走ったりかがんだりすることも多いため、物をよく落とす。登山道を示す道案内に赤系のテープやリボンが使われているのと同じように、猟で使用する道具類にも目立つピンク色や赤色のテープを巻いておこう

基本的には持ち帰って修理をする必要がある。最も傷みが大きいのがワイヤーロープで、その交換頻度についてはQ30で取り上げたように、その人のリスクの取り方によって変わってくる。ただし、「私は初心者の頃はワイヤーを使い回していたのですが、金属疲労で切れてしまい、獲物を取り逃したことが多々ありました」と山本さんが話すように、初心者には使用済みワイヤーロープのどこが傷んでいるのかの判別が難しい。一定の経験値を積むまではなるべくリスクを高く取って、使用済みのワイヤーロープはその都度交換することを強くおすすめする。

くくり罠の部品の中でもワイヤー止めや締め付け防止金具はほとんど消耗しないが、長く使っていると錆が出たり、獲物の血が付着してにおいが付くこともある。大した出費ではないので、状態を確認したうえで交換するようにしよう。くくり金具は伸びたら原則として交換する。万力に固定してハンマーで叩いて曲げ直すこともできるが、金属疲労が進んでいると割れる危険性もある。スネアの肝となる部分なので、できれば毎回交換したほうがいい。

意外な落とし穴になるのが「よりもどし」だ。一見頑丈そうに見える部品なのだが、獲物が加えた衝撃がダイレクトに伝わる部品なので、回転する部分が割れることもある。都度交換までの必要はないかもしれないが、よりもどしを指で回してスムーズに回転することを確認してみて、動きが悪いようなら交換を考えよう。

一方、バネの交換タイミングはどうか。押しバネは、コイルに伸びや歪みが出た場合は交換が必要になる。伸びや歪みが出ても使えないことはないが、小石や泥が入り込みやすくなるとそれらが抵抗となり、うまく起動しない可能性が高まる。引きバネはコイルがしっかりと閉まっていない場合は、ヘタレている証拠なので交換が必要だ。ねじりバネは長く使い回せるパーツだが、大型のイノシシやオスジカが木に巻き付くと、バネの腕が曲がってしまうこともある。バイスに固定して力いっぱい押せば元の形に戻るが、ひどい折れ曲がり方をして歪みが残っている場合は交換しよう。

くくり罠に用いるパーツ類は数が数だけに、金額もバカにならない。しかし、少しでも捕獲率を上げたいと思うのであれば、安全性を担保するという意味でもシビアに交換のタイミングを判断すべきだろう。

99

# 罠猟に使った猟具や工具類は猟期後にどのように保管する?

ANSWER

## 保管前に汚れを洗い流してパーツごとに保管。足りない部品は猟期前に買い足しておく

銃猟では、猟具である銃の保全管理は狩猟者の〝義務〟とされている。そのため、銃を適当な場所に保管したり、破損した銃を所持し続けることは禁止されており、銃刀法違反として罰則を受ける場合もある。一方、罠猟の猟具である〝罠〟にはこのような規定がないため、保管や管理が適当だとしても罰則を受けることはない。

しかし、大切な道具の管理を怠れば、当然のように故障や破損の危険も高くなるため、それが事故という形で自分に返ってくる可能性もゼロではない。次のシーズンも罠猟をスムーズに始められるように、猟期が終わったタイミングで猟具や工具類は手入れをして、できるだけ良好な状態で保管して欲しい。

まず、くくり罠を保管する場合は、仕掛けた状態のままではなく、なるべくパーツごとに分解しておくことが望ましい。特にバネは荷重をかけた状態で長期間放置すると、ヘタリが出て本来の性能が発揮できなくなる。来期も再利用するパーツ類は、一旦水で汚れをきれいに洗い流し、しっかり乾かしてから保管する。雨が多い日本では、土壌のほとんどが酸性に寄っているため、泥が付いたままだと金属パーツは錆が出る原因になる。

ワイヤーロープはにおいを抜くために野外に放置したままという人も多いが、やはり長期間放置したままだと傷みが大きくなる。専用の収納ボックスなどに入れて、雨風にさらされない場所で保管しよう。使いかけのワイヤーロープは時間がたつと先端の断面がばらけるため、セロハンテープなどを巻いて固定しておくといい。もう使わないワイヤーロープやパーツ類は別のボックスに入れておき、金属の廃品回収や不燃物として処分する。なお、ワイヤーロープは、あまり細かく切ってはいけない。裁断すると素線がばらけて散らばり、踏むと足に深く刺さってしまう。もし処分するなら20㎝よりも長く切るようにする。キンクが小さく捨てるのがもったいないという使用済みワイヤーロープは、再加工して引き出

溝曽路さんの作業スペース。大きなコンパネをテーブル板として使っている

農機具小屋を使った小林さんの作業場所。罠猟関連のアイテムもほとんどのものがここに保管されている

山本さんは自宅の一室を罠の自作やメンテナンスを行う工房として使っている。パーツや道具がきちんと整理されている

部品ごとにコンパクトに整理されたベテラン罠猟師のパーツケース

しに使う道具や保定具などとして使うというのもいいだろう。

## 猟場に放置したままの箱罠には連絡先がわかる札を付けておく

ワイヤーカッターやスエージャカッターなどの工具は、猟期後にボルトや回転部を確認して、緩みやガタがないかチェックする。特にスエージャカッターは接合部のボルトが摩耗するとワイヤーを切断したときの断面が不ぞろいになるので、替えのボルトを注文しておこう。スコップや剪定バサミなど土に触れる道具類は、水洗い後に可動部に油を差せば、動きが滑らかになるだけでなく錆防止にもなる。ワイヤー止めなどの小物類はパーツが混在しないように、なるべくパーツケースに種類ごと分類して保管しておく。できれば使用済みのものと新品は分けて保管し、次の猟期には使用済みのパーツから使っていくようにしよう。

大型箱罠の場合は、自宅敷地内に移動して保管することが望ましいが、地元の人の許可があるなら、扉を閉めた状態で放置しておいてもいいだろう。ただし、扉のロックやトリガーに使われるバネ類は、なるべく取り外して自宅で保管しておいたほうが傷みも少ない。箱罠を猟場に置いたままにする際は、所有者がわかるように名前と連絡先を書いた札を引っかけておこう。場所によっては工事や伐採が入ることもあり、放置箱罠の存在が問題になることもあるからだ。使用済み小型箱罠は、できれば次亜塩素酸などで消毒したあとに水洗いして、雨の当たらない日陰で保管しておこう。

# 100

## 服にマダニや返り血が付いたときはどのように対処すればいい？

ANSWER

**自宅に入る前に着替えて洗濯は別々にする。マダニに咬まれても無理に取るのは危険**

山中を動き回る銃猟と違って、罠猟では服装が問題になることはほとんどない。しかし、罠猟の際に着用していた衣類の洗濯は、出猟ごとにやっておきたい大切なポイントといえる。というのも、止め刺しや引き出しなどで獲物と近距離で接触する罠猟では、着ている服にマダニが付く可能性が高いからだ。たとえ罠を仕掛けるためだけに山に入った場合でも、野生動物が生息する場所の草むらにはマダニがいるので、気は抜けない。また、止め刺しの際に浴びた返り血がアウターやズボン、靴に付くこともある。罠猟では自宅に入る前にすべてを着替え、洗濯も一般の洗濯物とは別に行っているという回答者も多かった。

山本さんは止め刺しや引き出しに使う服を別にしておき、自宅に入る前に着替えをするそうだが、外に設置している洗濯機を利用して、絶対に家の中にマダニを持ち込まないようにする徹底ぶりだ。さらに帰宅後にすぐ風呂に入り、体にマダニが付いていないかをチェックしているという。

万が一マダニに咬まれていたときの対応について、小林さんは次のように話す。

「マダニは皮膚の薄いところを狙ってくるので、ヒジの内側やヒザの裏側、首回りを重点的に確認しましょう。マダニが体に取り付いてからそれほど時間がたっていないのであれば、専用のピンセットがあるので、それを使って除去します。半日以上経過するとマダニはあごを皮膚に刺して離れなくなるので、こうなると皮膚科で除去してもらうしかありません。自分で無理に取ろうとすると、マダニの内容物が逆に体の中に入ってしまうので危険です。また、体は取れても頭部だけが刺さったまま残ってしまうこともあります」

服装でのマダニ対策については、虎谷さんもアドバイスしてくれた。

「罠猟のアウターは、できるだけ明るい色のものを選びましょう。明るい色ならダニが上がってきてもすぐにわかるので、払うことができます。また、初夏に山に入ると小さなダニの集団にたかられることがある

太田さんの会社ではメンバーを変えながらも、社員一丸となって地元の有害鳥獣駆除活動を行っている

溝曽路さんと山本さんは住んでいる場所が近いため、お互いを訪問して罠猟の情報交換を行っているという

ので、それらを貼りつけて捨てられるガムテープが必需品になります」

衣服に血がついているかどうかは、車に乗る前にズボンの裾と靴の裏を確認する。この部分は引き出しのときに最も獲物に触れる部分なので、血がベッタリと付いていることも少なくない。着替えを用意しておくのが望ましいが、そうもいかなければ両足にビニール袋をかぶせて、周囲に血を付けないように配慮しよう。なお、血液汚れは普通の洗剤ではなかなか落ちないので、セスキ炭酸ソーダを使うといい。100円ショップの掃除コーナーなどで手に入る。

## 家族のサポートがあるからこそ罠猟ができるという事実

狩猟を長く楽しむために「最も大切なこと」とは何か、と今回の回答者の何人かに尋ねたところ、複数の人から「家族の理解」という答えが返ってきた。ここで取り上げたマダニや獲物の返り血の話にしても、狩猟をしない人にとっては決して「気分のいい話」ではない。いくら本人が「大したことじゃない」と思ったとしても、果たして同居する家族もそんなふうに考えてくれるかどうかはわからない。

そもそも狩猟とは集団で獲物を狩り、その猟果をみんなで分かち合うというのが本来の姿だ。狩猟に出かけるのは自分だとしても、その背後には猟仲間や地元の人たち、そして家族というたくさんの人間関係があり、だからこそ成り立っているのが狩猟という活動なのである。

罠猟は単独で行動することが多いため、こうした人間関係の大切さに気づきにくい部分があるのかもしれない。しかし、これから罠猟を始める人は「自分ひとりで猟をやっている」とは思わずに、そこには様々な人たちの目に見えないサポートがあるからこそ、罠を仕掛けて獲物を狙うことができているのだということを、理解しておいて欲しい。

# おわりに

平成27年に「銃猟免許」の交付数を
「わな猟免許」の交付数が逆転したことで、
いまや狩猟のメインストリームに躍り出た感もある罠猟だが、
その実態は数字どおりというわけにはいかないようだ。
というのも、罠猟を始めようと免許を取ってはみたものの、
一度も〝実猟〟に出ることなく
免許の更新を断念する人が想像以上に多いのである。
「どこに罠をかければいいのかがわからない」というのが
主な理由というが、これほどもったいない話はない。
せっかくやる気があって免許を取ったにもかかわらず、
やり方がわからなくて狩猟を断念してしまうという現実は、
猟師の高齢化による狩猟の担い手の減少という点でも
大きな打撃といえるだろう。
罠猟は基本的に単独で行うことが多い猟法だけに、
銃猟のように猟隊に入って先輩に教えを請うという
手法が取りづらいかもしれない。
しかし、だからといって狩猟そのものを
諦めてしまうのは早計に過ぎる。
『求めよさらば与えられん』というたとえがあるように、
必要な情報は自分から行動を起こして手に入れるしかない。

そんな〝とっかかり〟を少しでも提供したいという意図のもと、
罠猟に関する深い知見と豊富な経験を持つ８人の方にご協力いただき、
様々なノウハウを詰め込んで完成させたのが本書である。
日和佐さん、折茂さん、太田さんのアドバイスは、
罠猟具メーカーならではの専門知識として大いに参考になるはずだ。
趣味の枠を超えて罠猟を行う溝曽路さん、小林さん、山本さんの回答からは、
捕獲実績に裏づけられた多くの実践テクニックを知ることができた。
箱罠を使った捕獲をメインに行う藤元さんと虎谷さんの意見には、
思わずまねたくなる専業猟師のこだわりが満載だ。
この場を借りて、改めて回答者の皆さまにお礼を申し上げたい。
罠猟についての疑問が生じたら、まずは本書を開いてみる。
本書をそんな〝座右の銘〟にしていただけたら、
これほどうれしいことはない。

『狩猟生活』編集部

# 罠猟 Q＆A 100
# 回答者一覧

（敬称略）

日和佐 憲厳

昭和47年に大分県大分市でバネ製造会社として創業し、現在はくくり罠専門メーカーとして事業を展開する『オーエスピー商会』代表取締役。自社製のバネやワイヤーなどのパーツをはじめ、くくり罠のセット商品も数多く扱っており、特にイノシシとシカの大物用くくり罠は、全国の猟師から高い支持を集めている。

折 茂 竜

大物罠猟がまだマイナーだった90年代から大物猟用くくり罠の開発・販売を行っていた罠猟具の老舗『オリモ製作販売』専務取締役。〝弁当箱〟の愛称で長く親しまれている「オリモ式大物罠OM-30型」などの製造販売だけでなく、行政や研究機関などとも連携して鳥獣被害対策コンサルタントなど幅広い事業を手がけている。

太田政信

佐賀県嬉野市の罠メーカー『太田製作所』の代表取締役。20歳の頃に実家の農地に出没するイノシシ用大型箱罠を自作したのをきっかけに、罠猟具のメーカーとして活動を開始。販売する罠はすべて自分で試して欠点を改良するのがモットーで、ユーザーからは「扱いやすい罠」として評価されている。

溝曽路 誠

岡山県美作市で活動する副業猟師。普段はサラリーマンをやりながら、通勤前の時間と休日を活用して罠を使った猟を実践。年間100頭のシカとイノシシを捕獲している。限られた時間でくくり罠猟の効率を最大化するための創意工夫を重ね、得られた知見や独自の実践方法を主にTwitterを通して発信している。

山本暁子

東京のIT企業勤務を経て、2018年に鳥取県鳥取市の山奥に夫とともに移住。IT在宅ワーカー兼猟師として狩猟を始める。トライ＆エラーを繰り返しながら、猟歴3年にして年間130頭のイノシシとシカを捕獲するまでになった。2022年12月には自身の体験をまとめた『初めてでも大丈夫 狩猟入門』（扶桑社）を出版。

虎 谷 健

農産物流通会社勤務時に野生鳥獣による農業被害の大きさを知り、自ら捕獲者となる。東京電力福島第一原発事故のあと福島に入り、帰還困難区域で住民帰還のためのイノシシ捕獲事業に従事。 現在は『相双鳥獣管理』を設立し、主に箱罠によるイノシシ捕獲を行なう一方、後進の育成にも務める。「生活していける捕獲業務」がモットー。

小林正典

林野庁近畿中国森林管理局勤務の国家公務員として、画期的なくくり罠猟法「小林式誘引捕獲」を考案（そのノウハウは同局のHPにて公開）。国有林でのシカ捕獲業務をはじめ、各所で捕獲管理・誘引捕獲方法に関する講習会なども行っている。趣味でも狩猟を行っており、罠に使うパーツ類の多くを手づくりしている。

藤元敬介

山口県周防大島で活動する箱罠猟をメインに行う専業猟師。地元の特産品であるミカンへのイノシシによる食害の増大に対処するために、地元ミカン農家との協力により被害防除コミュニティを構築。主に箱罠を使って年間400頭以上のイノシシを捕獲している。

## 〈参考文献〉


『日本狩猟百科』
（全日本狩猟倶楽部）

『狩猟読本』
（大日本猟友会）

『これから始める人のためのわな猟の教科書』
（東雲 輝之／秀和システム）

『狩猟を仕事にするための本』
（東雲 輝之／秀和システム）

『初めてでも大丈夫狩猟入門』
（山本暁子／扶桑社）

『哺乳類のフィールドサイン鑑札ガイド』
（熊谷さとし／文一総合出版）

『狩猟生活 Vol.9』
（山と溪谷社）

『狩猟生活 Vol.10』
（山と溪谷社）


## 〈参考サイト〉


新狩猟世界
https://chikatoshoukai.com/japanese-pro-huntress-op/

岐阜県カモシカ研究会 錯誤捕獲されたカモシカの放獣マニュアル
https://www1.gifu-u.ac.jp/~rcwm/serow_manual.pdf

〈STAFF〉

〈編集協力・執筆〉

東雲輝之
（チカト商会）

後藤 聡
（Editor's Camp）

〈編集〉

鈴木幸成
（山と溪谷社）

〈カバー・表紙・本文デザイン、DTP〉

本橋雅文
（orangebird）

〈写真〉

東雲輝之

# 狩猟の疑問に答える本――罠猟Q＆A100

2023年3月20日　初版第1刷発行

編者　『狩猟生活』編集部

答える人　日和佐 憲厳（オーエスピー商会）、折茂 竜（オリモ製作販売）、
太田政信（太田製作所）、溝曽路 誠（岡山県の猟師）、
山本暁子（鳥取県の猟師）、虎谷 健（福島県の猟師）、
小林正典（林野庁職員）、藤元敬介（山口県の猟師）

発行人　川崎深雪

発行所　株式会社 山と溪谷社
〒101-0051
東京都千代田区神田神保町1丁目105番地
https://www.yamakei.co.jp/

印刷・製本　株式会社 シナノ

◆乱丁・落丁、及び内容に関するお問合せ先
山と溪谷社自動応答サービス　電話03-6744-1900
受付時間／11時～16時（土日、祝日を除く）

メールもご利用ください。【乱丁・落丁】service@yamakei.co.jp
【内容】info@yamakei.co.jp

◆書店・取次様からのご注文先
山と溪谷社受注センター　電 話 048-458-3455
FAX 048-421-0513

◆書店・取次様からのご注文以外のお問合せ先
eigyo@yamakei.co.jp


ISBN978-4-635-81023-4